在最美的时光，别辜负了自己

点一盏照亮心灵的灯，
开一扇通往幸福的窗。

在纷扰忙碌的城市中，
我们的心渐渐失去了对美好生活的向往。

李飞◎编著

中国华侨出版社

图书在版编目（CIP）数据

在最美的时光，别辜负了自己／李飞编著．—北京：中国华侨出版社，2015.9

ISBN 978-7-5113-5661-1

Ⅰ.①在… Ⅱ.①李… Ⅲ.①成功心理－通俗读物 Ⅳ.①B848.4-49

中国版本图书馆 CIP 数据核字（2015）第 221498 号

● 在最美的时光，别辜负了自己

编　著／李　飞
责任编辑／叶　子
封面设计／纸衣裳書裝·孙希前
经　销／新华书店
开　本／710 毫米×1000 毫米　1/16　印张／16　字数／220 千字
印　刷／北京一鑫印务有限责任公司
版　次／2015 年 10 月第 1 版　2019 年 8 月第 2 次印刷
书　号／ISBN 978-7-5113-5661-1
定　价／32.80 元

中国华侨出版社　北京朝阳区静安里 26 号通成达大厦 3 层　邮编 100028
法律顾问：陈鹰律师事务所
编辑部：（010）64443056　　64443979
发行部：（010）64443051　　传真：64439708
网　址：www.oveaschin.com
e-mail：oveaschin@sina.com

前言

我们生活在一个压力突现的时代，生活的节奏越来越快，人与人之间的关系越来越现实，我们的想法越来越复杂，感觉越来越沉重，对于未来，我们越来越迷茫……于是我们开始烦躁、焦虑，我们看似很忙碌，就像上了发条的机械一样在不停地运转，但我们又觉得很空虚，因为我们总觉得得到的并不是自己想要的，而事实上我们往往又不知道自己真正想要的是什么。

这时，我们应该暂缓脚步，停下来，让自己放下、放开、放松，当你进入这种人生状态时，你就会明白，对于自己而言，什么才是最重要的，什么才是真正想要的。

为什么说我们一定要学会放下、放开、放松呢？

我们生活在一个商业化的时代，物质已经成为衡量一个人优秀与否的重要标志之一，于是我们总是感到很压抑，我们总是没有安全感，我们总是很害怕失去。而当我们越担心、越害怕的时候，我们脸上的面具也越来越厚重，我们的思维也变得越来越复杂，我们的压力也就变得越来越大，我们的爱情、生活和事业亦随之变得越来越乱。所以有些东西我们必须放下，当你放下时，你反而会觉得很轻松，因为没了那么多的担心、恐惧、烦躁和焦虑，你便可以坦然面对生活了，这个时候你会很平静、很淡定，也很自在。

要放开，是因为我们有太多的烦恼，事业上的低迷，爱情、婚姻上的失意，甚至是一些无足轻重的小事，都能令我们心烦意乱、辗转反侧。于是我们常常生活在怨怼与忧愤之中，把自己弄得很焦虑，我们总是希望找到一条通向成功的捷径，不论什么事情，总想着一蹴而就。但事实是，这个世界并不是你想要怎样就怎样的，万物都有它的发展规律，一切的成功都需要时间和精力的累积。火候未到，你急也没用，所以我们要学会放开，这样，你就能慢慢淡定下来。

所谓放松，就是希望大家能以最好的状态来迎接我们生活中的每一天。事实上我们可能很久都没有放松了，我们似乎总有做不完的事情，于是我们逼着自己去和时间赛跑，狠命地透支着自己的身体。但这样是不是就能让我们体会到人生的美好，生活的快乐？显然是不能的。其实在这个时候，我们最应该做的，就是让自己慢下来，去思考自己的人生，去体验"懒人"的快乐。

当你真的能够进入放下、放开、放松的人生状态时，你就会发现自己活得很真实，你能感觉到从来没有过的轻松与快乐。

其实，真实的你，就是那个永远都会对生活微笑的你，这样的你能够经营好生活、工作和心情之间的平衡关系，从而以最好的状态投入到生活中去。

目录

一、人生苦短，别跟自己过不去

　　人生苦短，为何还要跟自己过不去？要知道，每个人都有或多或少的缺陷，人无完人。这样想，不是为自己开脱，而是使心灵避免被挤压得支离破碎，使自己永远保持对生活的美好憧憬。不与自己过不去，这是一种精神上的解脱，它会让我们脱离虚幻，从容地走自己选择的路，做自己喜欢的事情。

- 较真其实是在与自己较劲／2
- 不该固执的固执，真的不现实／5
- 懂得选择，更要懂得放弃／7
- 虚幻的完美，将你的快乐摧毁／10
- 与人比着活，终归是落寞／14
- 别活在记忆中，要拥抱新生活／17
- 走出封闭自己的围墙／20

二、量力而行，对自己别太苛求

　　这世间任何事情都有它的限度，一旦超过了这个限度，不是物极必反便是乐极生悲。所以在我们的生命旅途中，我们应该尽力去发展我们能够发展的东西，而剩下的，就顺其自然吧！其实只要足够积极，只要尽心尽力，我们的心就是坦然的，自然也不需要与自己过不去，不要责备、怨恨自己，因为我们尽力了。只要尽力了，也便无所谓遗憾了。

◆ 自我要求低一些，对我们来说或许更好 / 26
◆ 人生，其实很简单 / 29
◆ 拼搏的时候，也别忘了适当休息 / 31
◆ 忙碌，终究让我们得到了什么 / 33
◆ 做个"懒人"也未尝不可 / 38
◆ 活得实际，便懂得见好就收 / 41
◆ 不幸福是因为所求过多 / 43
◆ 如果你不能是一只麝香鹿，那就当一尾小鲈鱼 / 45

三、脚踏实地，要做最好的自己

　　人生是如此短暂，根本容不下我们去浪费！所以我们要想活得轻松一些，就要对自己有一个准确的把握，别被那些虚荣与虚无的东西所影响，别分心，脚踏实地地去把自己该做的事情做好，努力成为最好的自己。

◆ 对自己要有一个准确的把握 / 50
◆ 不要好高骛远 / 53

- ◆ 不是怀才不遇，而是你未能尽力 / 56
- ◆ 你有没有妄自尊大 / 59
- ◆ 虚无的架子摆给谁看 / 61
- ◆ 知长知短，避短扬长 / 64
- ◆ 勿自大，要有空杯心态 / 68
- ◆ 不懂装懂，便是自欺欺人 / 72
- ◆ 常自省，别让自己偏离正轨 / 76

四、打开心扉，将烦恼尽量抹去

　　生活中，烦恼总是不期而遇，我们常常觉得快乐成了可遇而不可求的事，幸福离我们的期待又是那么的远。其实，这些烦恼不过是自设的心魔，没有什么事情过不去，只不过我们将自己放置在了凭空想象出来的痛苦之中，因而使人生丧失了快乐的本色。要想恢复生命的本色，要想做一个快乐真实的自己，那么就一定要解开束缚我们心灵的枷锁。

- ◆ 失去，是不是非要痛不欲生 / 80
- ◆ 你已经比很多人幸运 / 84
- ◆ 对生命中的羁绊，还是乐观一点好 / 87
- ◆ 我们所期望的每一件事情都绝非不可或缺 / 90
- ◆ 为拥有而开怀 / 93
- ◆ 放下心灵的包袱，这不光是为了自己 / 95
- ◆ 从烦恼中解脱出来，从容面对真实的人生 / 98

五、平心静气，安抚无谓的焦虑

焦虑的根源就在于我们心中各种各样的欲求与不满。我们既然有了生命，就都想活得好。至于活得怎样算是好，便是仁者见仁、智者见智了。有人认为粗茶淡饭，平平淡淡就好；也有人认为要锦衣玉食，有豪车豪宅才算是好。但是，这些真的那么重要吗？我们想拥有的东西太多，因而一旦不能如愿，焦虑便随之而生，并且不断衍生，甚至令我们无暇再顾及人生的意义了。这是多么可怕的事情！

- ◆ 很多焦虑都是我们自找的 / 104
- ◆ 心灵的困窘，是人生中最可怕的贫穷 / 106
- ◆ 放宽心，别在焦虑中走向毁灭 / 109
- ◆ 接受生活的不可测，因为生活还得继续 / 111
- ◆ 无论人生有多少波折，都会有摆渡的船 / 115
- ◆ 把自己打造成顽强的石头 / 119
- ◆ 别受情绪影响，做乐观的自己 / 122
- ◆ 为明天的快乐而活，为自己而活 / 126

六、除掉妄念，便可以安定心绪

追求舒适、追求享受是人的本能，但也要有所节制。不论追求什么，总要适可而止，不管买什么鞋子，合脚才是最重要的。欲望就像水一样，适当就好，多了就会泛滥成灾。我们之所以活得累，往往就是因为妄念太多，把欲望误认为需要，使自己疲于奔命，越陷越深。要知道，给鸟翼系上黄金，鸟就飞不起来了。

◆ 妄念：荼毒心灵，伤害本性 / 130
◆ 给鸟儿的翅膀缚上金子，它便不能直冲云霄 / 132
◆ 我们本是平常人，就该有颗平常心 / 136
◆ 不为物欲所累，追求心灵上的富足 / 139
◆ 别为满足欲望，让自己步入歧途 / 143
◆ 按捺住内心的浮躁 / 146

七、木已成舟，就不要再去执意

　　既然控制不了，就选择去喜欢！不要固执地抓住不放。别为你无法控制的事情而烦恼，我们要做的是决定自己对既成事实的态度。无可奈何随花落，木已成舟不苛求——这看似消极的心态，又何尝不是一种智慧？要知道，这世间没有人可以事事顺心如意。所以别用你的固执，去挑战生活的脾气，对于那些无力改变的事情，我们不妨用积极的心态去接受它、去适应它。

◆ 别为打翻的牛奶哭泣 / 150
◆ 有一种聪明叫顺其自然 / 152
◆ 与其内疚于心，不如尽力补救 / 156
◆ 我们有必要怀旧，但更应该活在现在 / 158
◆ 有舍有得，不必执意 / 161
◆ 感情的事，还是随缘的好 / 164
◆ 失去了，就不要再介怀 / 168
◆ 学会放手，别太执着 / 171

八、留住个性，不要丢失你自己

有多少人曾想过改变自己，以追逐想要的一切，到头来才发现，自己做了一个邯郸学步的寿陵少年，不仅没有得到自己想要的，还丢了自己最初拥有的。那么，当初为什么就不能尊重自己的本性，做那个最真的自己？也许正是因为没有彻悟。

◆ 活得真实一些 / 176
◆ 任何时候，都不要轻视了自己 / 178
◆ 不为别的，就为自己而活 / 181
◆ 不要让别人的话，打乱你的心 / 183
◆ 没有人是你的靠山，你只能靠自己 / 187
◆ 守住心门，守住内心的个性 / 191
◆ 保持本色，坚守做人的原则 / 195
◆ 不必按照别人的意愿生活 / 198

九、实际一点，生活就会好一点

很多时候我们生活的痛苦，都来自我们那些不切实际的想法，又或者是因为我们急于求成、太过苛求，所以说我们需要活得实际一点。活得实际一点，不是要我们太现实、太势利，而是让我们灵活地去面对，面对生活中的挑战，并且知道我们自己的价值在哪儿。这样，我们的生活就不会太糟糕。

◆ 活得实际一点，谁都可以很幸福 / 202
◆ 爱在现在时 / 204
◆ 有时，生活中也需要妥协 / 208

- ◆ 懂得追求，也要懂得放弃 / 211
- ◆ 从最易实现的目标做起 / 213
- ◆ 即使躺在地沟里，也要懂得安慰自己 / 216

十、放松下来，你应该活得随意

　　如今，日新月异的现代都市生活像一把双刃剑，一方面激发人们的进取心，锻造着人们的耐力和韧性；另一方面也使人们付出高昂的心理代价，尤其是在各种刺激明显增多和人际关系复杂多变等因素的影响下，我们的心理负荷日益加重，的确感觉生活得很压抑。所以在人生的旅途中，我们应该学着想开、看淡，学着不强求。别让自己活得太累。适时放松，给疲惫的心灵解解压。这样或许可以活得简单些，也不至于走得太远，迷失自我。

- ◆ 你太累，是因为不安分 / 222
- ◆ 人生容量有限，装不下那么多奢侈 / 225
- ◆ 在物质世界和精神世界中收放自如 / 228
- ◆ 在你的日历中留下一些空白 / 232
- ◆ 生活的态度要精致，但生活的方式不妨粗糙点 / 234
- ◆ 做人不能太随意，但生活可以随意些 / 237
- ◆ 人生的真理，藏在平淡中 / 239

一、人生苦短,别跟自己过不去

人生苦短,为何还要跟自己过不去?要知道,每个人都有或多或少的缺陷,人无完人。这样想,不是为自己开脱,而是使心灵避免被挤压得支离破碎,使自己永远保持对生活的美好憧憬。不与自己过不去,这是一种精神上的解脱,它会让我们脱离虚幻,从容地走自己选择的路,做自己喜欢的事情。

较真其实是在与自己较劲

我们都知道，这世间之事本无常，并非因人而定，生活中那些纷纷扰扰、悲欢离合在所难免。人生有痛苦，亦有快乐，故事的结局是悲是喜无从知晓，所以，如果我们活得太清楚，反而无趣了。进一步说，就算你想弄清楚，可世间事又有多少能说得清、道得明？反而是越想弄得清清楚楚、明明白白，就越会弄得糊里糊涂、乱七八糟。

其实有些时候，我们之所以活得不快乐，或许正是因为活得太明白。太明白了，便会失望、便会伤心，这又是何必？让一切淡淡地来，也淡淡地去，生活就是如此，不必太计较，否则为难的便是自己。

有这样一个故事，读过之后想必会对大家颇有启迪：

有两个人为了一件小事吵得不可开交，谁也不肯相让。第一个人便怒气冲冲地去找村里的智者评理，智者在静心听完他的话之后，郑重其事地对他说："你说得对！"于是第一个人得意扬扬地跑回去炫耀。第二个人很不服气，也跑来找智者评理，智者在听完他的叙述之后，也郑重其事地对他说："你说得对！"待第二个人满心欢喜地离去以后，一直陪在智者身旁的徒弟终于忍不住了，他不解地问道："师父，您平日不是教我们要诚实，不可说违背良心的谎话吗？可是，您刚才却说那两个人都是对的，这不是墙头草、随风倒吗？"师父听后，微笑着对他说："你说得对！"小徒弟此时才恍然大悟，立刻拜谢师父的教诲。

这是怎么一回事呢？道理其实很简单！要知道，许多事从我们个人的立场上来看，自己都是对的，只不过因为我们每一个人都坚持自己的想法或意见，无法将心比心、设身处地地去考虑别人的想法，于是分歧产生了，冲突与争执也就在所难免了。如果换一种角度，如果能够有一颗善解人意的心，凡事都以"你说得对"来先为别人考虑，那么很多不必要的冲突与争执就可以避免了，这样做人不是很轻松吗？

这正好给那些爱较真的朋友提了个醒，希望大家都能意识到，凡事都要争个一清二白并不可取，有时甚至还会给我们带来不必要的麻烦或危害。譬如在我们被人误会或受人指责时，如果你偏要反复解释或还击，结果就有可能越描越黑，事情就可能越闹越大。而最好的解决方法是，把心胸放宽一些，芝麻大的小事完全没有必要去理会。

据说，2002年，一位旅游者在意大利的卡塔尼山发现了一块墓碑，碑文记述了一位名叫布鲁克的人是怎样被老虎吃掉的事件。

碑文记述的故事是这样的：布鲁克从雅典去叙拉古游学，经过卡塔尼山时，发现了一只老虎。进城后，他说："卡塔尼山上有一只老虎。"城里没有人相信他，因为从来就没人在卡塔尼山见过老虎。布鲁克却坚持说见到了老虎，并且是一只非常凶猛的老虎。可是，无论他怎么说，就是没人相信他。最后，布鲁克只好说："那我带你们去看，如果见到了真正的老虎，你们总该相信了吧？"

于是，几个人跟他上了山，但是走遍山上的每一个角落，却连老虎的一根毫毛都没有发现。布鲁克对天发誓，说他确实在一棵树下见到了一只老虎。跟去的人就说："你的眼睛肯定被魔鬼蒙住了，你还是不要说见到老虎了，不然城邦里的人会说，叙拉古来了一个撒谎的人。"

布鲁克很生气地回答："我怎么会是一个撒谎的人呢？我真的见到了一只老虎。"在接下来的日子里，布鲁克为了证明自己的诚实，逢人便说他没有撒谎，他确实见到了老虎。可是后来，人们不仅见了他就躲，而且在背后都叫他疯子。布鲁克来叙拉古游学，本来是想成为一位有学问的人，现在却被认为是一个疯子和撒谎者，这实在让他不能忍受。为了证明自己确实见到了老虎，在到达叙拉古的第10天，布鲁克买了一支猎枪来到卡塔尼山。他要找到那只老虎，并把那只老虎打死，带回叙拉古，让全城的人看看，他并没有说谎。

可是这一去，他就再也没有回来。两天后，人们在山中发现了一堆破碎的衣服和布鲁克的一只脚。经验证，他是被一只重量至少在500磅的老虎吃掉的。布鲁克在这座山上确实见到过一只老虎，他真的没有撒谎。

这个故事给予世人一种启示：世界上有许多不幸，都是在急于向别人证明自己的过程中发生的。那种急于去证明的人，其实是在寻找一只可能把自己吃掉的老虎。

证明的过程是艰辛的，证明的代价是巨大的，有时候即使证明的结果是正确的，那又怎么样？为了一件无关紧要的小事将自己最宝贵的东西付之一炬，这种行为是愚蠢的。尽管我们的初衷是想要弄个明白，结果却证明了是自己不明白。

所以说，人生没有必要太过较真，你只需把真理留在心间，

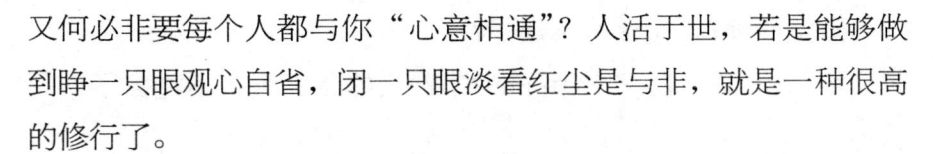

又何必非要每个人都与你"心意相通"？人活于世，若是能够做到睁一只眼观心自省，闭一只眼淡看红尘是与非，就是一种很高的修行了。

其实，很多时候我们之所以感到不满足和失落，恰恰是因为我们闭眼看自己，却将眼睛睁得大大地去看待这个世界，因而我们感到不公、感到不幸、感到别人都比我们幸运！如果我们安心享受自己的生活，不和别人计较，在生活中就会减少许多无谓的烦恼。不过，要做到这一点确实不易，这不仅需要有一定的修养，还需要有一定的雅量。

不该固执的固执，真的不现实

几乎所有人都多多少少有些固执。其实固执可以是"择善而固执"，是坚持原则，坚持不懈，这是它值得认可的一面。然而，在复杂的现实生活中，如果笼统地事事固执，那么就会走向它的反面。所以，倘若你无意中走进死胡同，请尽快停止前进的步伐。蓦然回首时你会发现，原来出路就在身后。倘若一味向前，你只会撞得头破血流。

我们来看看下面这个故事：

一对师徒走在路上，徒弟发现前方有一块大石头，就皱着眉头停在石头前面。

师父问他:"为什么不走了?"

徒弟苦着脸说:"这块石头挡着我的路,我走不过去了,怎么办?"

师父说:"路这么宽,你怎么不会绕过去呢?"

徒弟回答道:"不,我不想绕,我就想从这个石头上穿过去!"

师父:"可能做到吗?"

徒弟说:"我知道很难,但是我就要穿过去,我就要打倒这块大石头,我要战胜它!"

经过艰难的尝试,徒弟一次又一次地失败了。

最后徒弟很痛苦:"连这块石头我都不能战胜,我怎么能完成我伟大的理想?"

师父说:"你太固执了,你要知道有时坚持不如放弃。"

其实,一个人,只要心智正常,必然会拥有自己的追求,我们说对于人生追求的坚持是一种韧性,是成功不可或缺的条件之一,但倘若过分偏执,就很容易走进死角。大量的事实告诉我们:有些时候坚持所换来的未必是成功,而放弃未必不是一种明智的选择。

所谓放弃,并不意味着彻底"不作为",而是要我们另辟蹊径,去寻找新的成功契机。放弃,或许意味着你之前的努力将要付诸东流,或许会令你失去很多。但你应该意识到,在前路受阻的情况下,若不放弃,你就只能驻足当下,一直无法前进。

人的一生之中,障碍有许多都是由于过度固执所造成的。在别人伸出援手之际,我们也要学会接受。只有自己也愿意伸出手来,别人才能帮得上忙!

太固执,就犹如手握细沙,握得越紧往往得到的越少……太固执地去在意，花了时间，浪费了精力，心情还不能好，所以凡事都看开一些，尤其有关感情的事情，顺其自然反而会好些。要知道，这世界上的一切，合适的才是最好的，做什么事情都一样，多大的脚穿多大的鞋，小脚穿大鞋走起路来肯定不方便。什么都不舍得丢掉，结果可能什么都做不好。

面对林林总总的人生选择，我们一定要弄清楚，什么才是自己想要的、什么才最适合自己，不要一味贪全，不要固执于那些不该固执的东西，这样只会令自己不堪负累。要知道，合适的才是最好的。

懂得选择，更要懂得放弃

我们脚下的道路有千万条，但我们一时只能选择一条走。世上没有后悔药，不管是荆棘小路，还是康庄大道，你选择了就没法再回头。在我们的一生中，无论是在爱情婚姻，还是在工作事业上，无不需要我们作出选择，不同的选择会给我们带来不同的命运。

人生，既然做出了选择，就不要再去后悔。你想要的是什么，只有你自己知道。选择，只在一念之间，而它亦将成为你为之奋斗的目标。你的纠结，只会成为阻碍你成功的枷锁，只会令你徒增烦恼。

有这样一个故事：

两个过得不如意的年轻人一起去拜望师父："师父，我们在办公室里被欺负，太痛苦了，求你开示，我们是不是该辞掉工作？"

师父闭着眼睛，半天才吐出五个字："不过一碗饭。"随即挥挥手，示意年轻人回去。

回到公司，一个人马上递交辞呈，回家种田，而另一个人却留了下来。

转眼10年过去，前者以现代方法经营，加上品种改良，居然成了农业专家，并且拥有了自己的农庄。后者留在公司也不差，他努力进取，逐渐受到器重，成了经理。

有一天，二人相遇，农业专家说道："师父告诉我们'不过一碗饭'，我一听就懂了，不过一碗饭嘛，日子有什么难过的，何必硬留在公司受气？所以我辞职了。"接着问另一个人："你当初为何没听师父的话呢？"

"我听了啊，"另一人笑道，"师父说'不过一碗饭'。所以受气时我就想：不过为了混碗饭吃，老板说什么是什么，少赌气、少计较就成了，师父不是这个意思吗？"

于是两个人又去拜望师父，此时师父已经很老了，仍然闭着眼睛，半天才答出五个字："不过一念间。"

是辞职还是继续忍气吞声？不过是一碗饭的问题，放弃这碗饭，当然你还可以捧起另外一碗；不放弃，那就好好地为这碗饭去付出。选择什么，不过是你一念之间的判断，是对是错本就没有一个明确的界定，但每做出一个选择，就一定要把它做好。

然而，因为人生的很多选择都只有一次机会，选择的同时也就意味着放弃——选择熊掌就要放弃鲜鱼，选择繁华就要放弃幽静，选择充实就要放弃悠闲——这是无法改变的事实，很多人便在这个问题上纠结不清。因为我们每个人都一心想着获得，没有人愿意失去，我们只想着如何去选择，却忘了放弃那些该放弃的东西。其实有时候，执着也是一种负重和伤害，当你执着了那些不该执着的东西，它会让你背负沉重压力，长期被痛苦困扰，甚至还会失去更多、更好的机会。

　　选择其实就是一种理性的取舍，是有所为有所不为，我们只有选择正确了，才能正确做事，才能少走弯路，避免踏上歧途。只是，我们是否有勇气放弃那些原本不属于自己的东西呢？这需要一种良好的心态，这更是一门深奥的学问，其实我们的人生就是一个不断选择的过程，其中最重要的是我们要用冷静的态度对待每一次抉择。同样，放弃也是我们必须懂得的智慧，只有懂得取舍的人，才会活得更坦然、更轻松。

　　古语有云："塞翁失马，焉知非福。"有所选择的放弃，是一种量力而行的睿智，是一种顾全大局的体现。在人生这部鸿篇巨制中，我们是自己唯一的导演，唯有懂得如何去选择，如何去剪辑，最终它才能够完美谢幕。

　　诚然，或许很多剪辑、很多抉择会令我们痛苦万分，然而这也是由不得人的，背负得太多则必然要失去更多。蓦然回首，我们会发现，其实无奈、痛苦、失败或无助，大多来自过分的执着。其实，及时地选择放下，反而有可能会得到意外的收获。

　　只不过，患得患失一直以来便是人性的死穴，面对选择，许多人往往是犹豫不决、瞻前顾后，将许多原来拥有的东西白白浪费掉，最后只留空悲叹。许多人走不出属于自己的成功之路，并非因为他们天生的个人条件比别人差，而是因为他们不懂得取舍，走不出得失的困扰，总是徘徊在命运的十字路口，止步不前。

要知道，人生就像是一次长途旅行，到了站点你就必须下车。沉迷于过往的人将永远生活在痛苦和遗憾之中。诚然，一段恋情的结束是令人心伤的，然而你又怎知以后没有更适合你的人呢？永远不要再还没有经历之前就臆断将来。既然错过了月亮，就不要错过群星。放下旧的行囊，你才能获得新生！该放手的时候就放手吧。

在决定前途命运的关键时刻，我们不能犹豫不决，不能徘徊彷徨，而必须敢于了断，敢于放弃。放弃有时就是一种珍惜，放弃了一棵大树，我们可够得到一片森林。

虚幻的完美，将你的快乐摧毁

其实许多人过得不开心、不惬意，是因为他们总存有这样或那样的不满，他们没有看到自己幸福的一面。似乎，这世界上的每一个人都在潜意识中竭力追求着完美，但遗憾的是，人无完人。将完美当作理想的寄托点，本无可非议，但若过分执着于完美，就一定会让自己彻底迷失，因为理想中的完美绝对是虚无缥缈的，任何一种真实的事物都有它不可避免的缺陷。

我们之中有许多人在年轻时，都倾向于为自己、为未来、为世界设定一个心目中的完美形象，而不肯承认现实是什么。不论自己有多能干，事业有多么成功，我们总觉得和理想中的自己还有差距，因而我们总是处于不满足的状态。于是，为了让自己符合心目中的完美形象，我们总是在不断提高自我要求，却从来没有想过自己只是在追赶幻影。道家的老子曾说："知不知上，不知知病。"意思是说，自知自己不知才是最上等、最聪明的人；相反，自认为自己博学多识甚至能智胜天下者，那倒可能是真糊涂了。同理，我们能接受自己的不完美，那样，生活才能趋于"完美"；如果说我们一味地去挑剔自己、挑剔生活，那样，人生是无论如何都不会呈现出"美"的。因为绝对的完美主义者，他们的内心不可能平和。换言之，他们对事物的一味理想化要求，导致了内心的苛刻与紧张，内心的紧张又使他们更加苛刻地要求自己。所以，完美主义与内心放松满足相互矛盾，两者不可能融入同一个人的人格，那么，也就不可能体会到由满足所带来的幸福。

我们应该知道，事物发展总是遵循着自身的规律，即便不够理想，也不会因为人的意志发生改变。如果说有谁试图使既定事物按照自己的要求发展变化而不顾客观条件，那么一开始就已经注定了失败。所以朋友们必须认识到，有缺陷并不一定是一件坏事。正确地看待自己的不足，有什么不好呢？有这样一个故事或许能让我们有所感悟：

朋友陈慕白一向不喜欢宝石——直到有一天他给女友买了一串有瑕疵的项链。

一天，他去首饰店，看中了一块玉。付钱的时候，店员对他说："我卖你这玛瑙，再便宜不过了。"

陈慕白笑了笑，没说话，店员以为他不信，又加上一句："真的——不过这么便宜也有个缘故，你猜为什么？"

"我知道，它有斑点。"陈慕白本来不想提的，被他一逼，只好说了，免得他一直啰唆。

"哎呀！原来你看出来了，玉石这种东西有斑点就差了，这串项链如果没有瑕疵，哇，那价钱就不得了啦！"

陈慕白买了项链，默默地走开了。

回到家里，他对爸爸讲了事情的经过。

爸爸对他说："这串玛瑙的斑痕的确让人一眼便可看到，但我们凭什么要说有斑点的东西不好？水晶里不是有一种叫'发晶'的种类吗？虎有纹、豹有斑，有谁嫌弃过它的皮毛不够纯色？所有的无瑕是一样的，但瑕疵斑点却面目各不相同，有的斑痕是苔藓数点，有的是砂岸逶迤，有的是孤云独去，有的是铁索横江……玩味起来，反而令人欣然心喜。"

陈慕白此时反而觉得那串玛瑙越发贵重起来。

其实生活中本无完美，也不需要完美。我们只有在鲜花凋零的缺憾里，才会更加珍视花朵盛开时的温馨美丽；只有在人生苦短的愁绪里，才会更加热爱生命、拥抱真情；也只有在泥泞的人生道路上，才能留下我们生命坎坷的足印。

感情的世界也是如此，很多人都在苛求得到一份完美的爱情，找到一个完美的恋人，但扪心自问，这现实吗？想象一下，如果有这样一个人，他在你的心目中是绝对完美的，没有一丝缺陷，你敬畏他却不敢亲近他，那么，这种感觉还是不是爱情？不，确切地说这应该是一种崇拜。爱情是你素有洁癖，却仍愿意为他洗着油腻腻的饭盒、脏兮兮的球鞋。其实，求那么多干什么？即使他，玉树临风、温文尔雅、博学多才又事有所成；即使她绝代风华、贤良淑德、柔情似水又风情万种，但谁也抵不过岁月的推移，终有一天我们都会老。也许隔一阵子就要去看医生，来修补我们残破的身躯，那么我们又何必时时要求自己拥有的人或物一直完美无瑕呢？朋友们，看得惯残破，也是一种历练，是一种豁达，是一种成熟啊！

有位朋友，单身半辈子，快50岁，突然结了婚。新娘跟他的年龄差不多，徐娘半老、风韵犹存。只是知道的人都窃窃私语："那女人以前是个演员，嫁了两任丈夫，都离了婚，现在不红了，由他捡了个剩货。"

不知道话是不是传到了他耳里。有一天，他跟发小出去，一边开车，一边笑道："我这个人，年轻的时候就盼着开奔驰车，没钱，买不起；现在呀！还是买不起，买辆三手车。"他开的确实是辆老奔驰，发小左右看看说："三手？看来很好哇！马力也足！""是呀！"他大笑了起来，"旧车有什么不好？就好像我太太，前面嫁了个四川人，又嫁了个上海人，还在演艺圈待了二十多年，大大小小的场面见多了。现在老了，收了心，没了以前的娇气、浮华气，却做得一手四川菜、上海菜，又懂得布置家。讲句实在话，她真正最完美的时候，反而都被我遇上了。""你说得真有理！"发小说，"别人不说，我真看不出来，她竟然是当年的那位红星啊。""是啊！"他拍着方向盘，"其实想想我自己，我又完美吗？我还不是千疮百孔，有过许多往事、许多荒唐事，正因为我们都走过了这些，所以两个人都成熟了，都知道让，都知道忍，这不完美，正是一种完美！"

的确，不完美才是生活的真滋味，有时不完美的东西从另一个角度看，反而越发觉得它珍贵，那我们又何苦苦求索不切实际的东西？或许有朋友要说："我并不是苛求完美，只是觉得人生还存在问题而已。"其实，当我们用挑剔的眼光去看待人生时，我们的内心已然不能平静——一床凌乱的毯子、车身上一道划伤的痕迹、一次不理想的成绩、数公斤略显肥胖的脂肪……这些都能成为我们烦恼的原因，这表明我们心思已经完全专注于外物，失去了自我存在的精神生活，我们不知不觉迷失了生活应该坚持的方向，被苛刻掩住了宽厚仁爱的本性…… 这种状态肯定不能让它持续下去，因为这会给我们以及我们身边的人带来很大的伤害。所以我们必须认识到，人这一辈子就是在得与失之间轮回，任何事都不可能尽善尽美，我们完全没有必要太过苛求，苛求自己，苛求身边的人和事。

诚然，没有人会满足于本可改善的不理想现状。我们不提倡苛求完美，但并不是说我们不可以去向往，我们当然可以让自己做得更好：让孩子健康成长；让父母老有所依；让朋友放心托付；让自己问心无愧。朋友们，幸福不就是这么简单吗？

与人比着活，终归是落寞

是人就有攀比心，这是无须争辩的事实。其实，攀比也并非都是坏事。如果说，我们能够通过攀比，发现自身的不足，认识自己的独特，承认与别人的差异，确定努力的方向，激发合理竞争的欲望，那么我们提倡大家去攀比。这样比有什么不好？这样比也能促成进步，这样比是可以的。

但是，如果说我们什么都要比，聚在一起就要比事业、比地位、比房子、比车子、比银子……非要比出个谁强谁弱，比赢了就扬扬得意、不知所以；比输了就垂头丧气、耿耿于怀，那就不好了。说实话，这是在给自己找烦恼。我们得明白，这世界上总有人在某些方面比我们强，我们一路比下去，只会让自己越比越急、越比越累。

有这样一个故事：

一位作家的寓所附近有一个卖油面的小摊子，一次，这位作家带孩子散步路过，看到生意极好，所有的椅子都坐了人。

作家和孩子驻足围观，只见卖面的小贩把油面放进烫面用的竹捞子里，一把竹捞子里塞一份面，不一会儿就塞了十几把，然后他把叠成长串的竹捞子放进锅里烫。

接着他又以迅雷不及掩耳的速度，将十几个碗一字排开，放作料，随后捞面加汤。做好十几碗面前后没用5分钟，而且还边煮边与顾客聊着天。

作家和孩子都看呆了。

在他们从面摊离开的时候，孩子突然抬起头来说："爸爸，我猜如果你和卖面的比赛卖面，你一定输！"

作家莞尔一笑，坦然承认，自己一定会输给卖面的人。作家说："不只会输，而且会输得很惨，我在这世界上是会输给很多人的。"

他们在豆浆店里看伙计揉面做油条，看油条在锅中胀大而充满神奇的美感，作家就对孩子说："爸爸比不上炸油条的人。"

他们在饺子馆，看见一个伙计包饺子如同变魔术一样，动作轻快，双手一捏，每个饺子大小如一，晶莹剔透，作家又对孩子说："爸爸比不上包饺子的人。"

　　生活的道理应该是这样：我们没必要为了面子而让别人觉得我们处处显得比别人强，仿佛自己什么都能做到。每个人都有缺陷，不要期望自己样样都在人之上。聪明的人敢于承认己不如人，所以他们往往能赢得一份适意的人生。

　　一个人，如果事事以自我为中心，很可能会以为自己了不起，可一旦我们平静下来，用坦诚的心去观察自己，你就会发现自己是多么的渺小。我们什么时候看清自己不如人的地方，那就是对生命真正有信心的时候。

　　人一旦有了不正常的比较心，往往意不能平，终日惶惶于所欲，去追寻那些多余的东西，空耗年华，难得安乐。然而，尽管我们都知道"人比人，气死人"的道理，可在生活中，我们还是将自己与周围环境中的各色人物进行比较，比得过便心满意足，比不过便在那儿生闷气，说白了还是虚荣心在作怪。可是，与别人攀来比去，最后除了虚荣的满足或失望之外，还剩下什么？有没有意义？是徒增烦恼还是有所收获？答案是——毫无意义。

　　人们之所以乐于攀比，实际上就是一个面子问题。人生在世，但凡是个正常的人，多多少少都有些虚荣，虚荣本来无可厚非，但虚荣之火过了，便令人讨厌了。

　　只是，很多人并不认为自己在攀比，他们甚至觉得，拿一个月的薪水买一件奢侈品，是讲究生活品质，实际上，那些真正讲究生活品质的人，并不在乎这些，也不是纯粹表现在物质这个浅层次上，"讲究生活品质"说白了，这只不过是我们为自己肤浅的攀比行为打掩护而已，"生活质量"不过是我们攀比、炫耀的托词！事实上，这只不过是失去了求好的精神，而将心灵、目光专注于物质欲望的满足上。在一个失去求好精神的社会中，人们误以为摆阔、奢侈、浪费就是生活品质，逐渐失去了生活品质的实质，进而使人们失去对生活品质的判断力，攀比着追逐名牌，追逐金钱，追逐各种欲望的满足。

事实上，并不是住大房子、开名牌车、穿着入时，才是生活。真正的生活品质，是看清自我，清楚地衡量自己的能力与条件，在这有限的条件下追求最好的事物与生活。生活品质是因长久培养了求好的精神，从而有自信、丰富的内心世界；在外可以依靠敏感的直觉找到生活中最好的东西，在内则能居陋室、饮粗茶、吃淡饭而依然创造愉悦多元的心灵空间。所以奉劝大家一句，如果你是试图攀比的人，那么请停下你的脚步吧。别让虚荣阻碍了你享受生活。

其实，他是他，你是你，他有的你不一定有，你有的他也未必有，生活是自己的，只要自己过得开心、舒适就好。我们又何必与人比着活，这世间总是一山还有一山高，你总是比来比去，得到的终归是落寞。

别活在记忆中，要拥抱新生活

我们很多时候都是这样——往往一件事情发生后，你刚开始只能回忆起事情的大致经过，慢慢地，色彩、气息与声音都来到了你的脑海中，一点点填补起那不忍回首的一刻。其实很多时候，折磨人的并不是事情本身，而是我们留下的不良记忆。糟糕的事情过去了，也就没了，而记忆却残留在了我们的脑海之中。事情本身带来的伤痛，按理说应该随着事情的结束而淡化，可记忆却让它一次又一次地重演。事情过了就不再重复，而记忆却在我们的心里来来去去。事情本身只会让我们心痛一次，可记忆却让我们一次又一次地心痛，甚至是一次又一次地落泪。

很多人就是这样，过去了，却依旧不能翻篇，他们的记忆似乎永远停在那一刻，心结似乎永远解不开。人多的时候，可能还有笑容，可是一旦一个人独处，往日的一幕一幕便涌上心头，于是便感到孤独、寂寞、害怕、伤心、脆弱……我们觉得这是事情带给我们的伤害，可事实上这完全是拜记忆所赐，是记忆把我们受到伤害的过程一次次地在脑海中重播，折磨着我们的心，让它反复地痛着……所以说，最伤人的是记忆。

其实，自我们出生的那一刻起，上天便赐给了我们很多宝贵的礼物，这其中之一就是遗忘。不过，我们总是看不到它的珍贵，总是过度地强调记忆，却忽略了遗忘对于我们的重要性。如果说，我们想要自己的心欢喜一些，那么，就请设法忘记那些因一时过错而带来的不幸和伤害。

在雨果不朽的名著《悲惨世界》里，主人公冉·阿让本是一个勤劳、正直、善良的人，但他穷困潦倒，度日艰难。为了不让家人挨饿，迫于无奈，他偷了一个面包，被当场抓获，判定为"贼"，锒铛入狱。

出狱后，他到处找不到工作，饱受世人的冷落与耻笑。从此他真的成了一个贼，顺手牵羊，偷鸡摸狗。警察一直都在追踪他，想方设法要拿到他犯罪的证据，以把他再次送进监狱，他却一次又一次逃脱了。

在一个风雪交加的夜晚，他饥寒交迫，昏倒在路上，被一个好心的神父救起。神父把他带回教堂，但他却在神父睡着后，把神父房间里的所有银器席卷一空。因为他已认定自己是坏人，就应干坏事。不料，在逃跑途中，被警察逮个正着，这次可谓人赃俱获。

当警察押着冉·阿让到教堂，让神父辨认失窃物品时，冉·阿让绝望地想："完了，这一辈子只能在监狱里度过了！"谁知神父却温和地对警察说："这些银器是我送给他的。他走得太急，还有一件更名贵的银烛台忘了拿，我这就去取来！"

冉·阿让的心灵受到了巨大的震撼。警察走后，神父对冉·阿让说："过去的就让它过去，重新开始吧！"

从此，冉·阿让洗心革面，重新做人。他搬到一个新地方，努力工作，积极上进。后来，他成功了，毕生都在救济穷人，做了大量对社会有益的事情。

毫无疑问，冉·阿让正是由于摆脱了过去的束缚，才能重新开始生活、重新定位自己。我们常说，"好汉不提当年勇"，同样，聪明人也不应该常忆当年的伤。将失意放在心上，它就会成为一种负担，容易让我们形成一种思维定式，结果往往令人依旧沉沦其中，甚至是走向堕落。

人的一生是由无数的片段组成，而这些片段可以是连续的，也可以是风马牛毫无关联的。说人生是连续的片段，无非是人的一生平平淡淡、无波无澜，周而复始地过着循环往复的日子；说人生是不相干的片段，因为人生的每一次经历都属于过去，在下一秒我们可以重新开始，可以忘掉过去的不幸，忘掉过去不如意的自己。或许，我们之中有很多人都明白这一点，只是我们很容易将欢乐忘却，但对哀愁却情有独钟，这显然是对遗忘哀愁的一种抗拒。换言之，我们习惯于淡忘生命中美好的一切，而对于痛苦的记忆，却总是铭记在心。其实，昨日已成昨日，昨日的辉煌与痛苦，都已成为过眼云烟，我们何必还要死死守着不放？只有倒掉昨日的那杯茶，我们的人生才能洋溢出新的茶香。

走出封闭自己的围墙

有人说，自我封闭的人，待在自己那与世隔绝的城堡里，那城堡就像一座坟墓……这话听起来让人有些毛骨悚然，但我们有时是不是又在做着这样的事情呢？你有没有这样的感觉——不知道为什么，你开始对外面发生的事情心怀恐惧，不愿意与别人沟通，不愿意了解外面的事情，将自己的心紧紧地封存起来，生怕受到一点伤害。如果是这样，很不幸，你可能有自闭倾向。而这时的你，便像极了一个"活死人"，你把自己紧紧地锁在了那个坟墓之中……

其实，导致我们进入这种状态的原因有很多。一些朋友在生活中犯过一些"小错误"，由于道德观念太强烈，导致自责自贬，看不起自己，甚至辱骂、讨厌、摒弃自己，总觉得别人在责怪自己，于是深居简出、与世隔绝；也有些朋友非常注重个人形象的好坏，总觉得自己长得丑，这种自我暗示，使得他们十分注意他人的评价及目光，最后干脆拒绝与人来往；还有些朋友由于幼年时期受到过多的保护或管制，内心比较脆弱，很不自信，只要有人一说点什么，就乱对号入座，心里紧张起来……这都会让我们关闭情感的大门，蜷缩在自以为坚硬的壳子里，寻求自我保护。殊不知，这种状态只会令我们内心的阴影更加沉重。

但事实上，世界并没有我们想象中的那么可怕，外面的空气很新鲜，外面的世界也很精彩，而我们身边的人也不一定都是机关算尽的恶人。如果我们能够有勇气走出封闭的阴霾，向身边的人敞开心扉，我们是能够在一张张笑脸中找到属于自己的精彩的。相反，如果我们将自己封闭起来，那么将永远也找不到属于自己的快乐和幸福，尽管一切美好的东西尽在眼前，但是，如果我们不打开那道封闭的门走出去，你就体会不到这些美好。人生是短暂的，我们需要三五知己，需要去经历人生的悲欢离合，这样我们的人生才称得上完整。我们没必要在自我恐惧中挣扎，更没必要过于小心翼翼地活着，想去做什么就去做，想去说什么就去说，这样心情才会愉悦起来，生活才不至于因为自闭的单调而失去意义。

换言之，如果我们希望人生多一点色彩，希望快乐失而复来，我们就要对自己做出改变。

首先，我们要乐于接受自己。有时不妨适当地将成功归因于自己，把失败归结于外部因素，不在乎他人说三道四，乐于接受自己。

其次，要提高对社会交往和开放自我的认识。交往能使人的思维能力与生活技能逐步地提高并得到完善；交往能使人们的思想观念加快"新陈代谢"；交往能丰富人的情感，维护人的心理健康。一个人的发展高度，取决于自我开放、自我表现的程度。克服孤独感，就要把自己放开，既要了解他人，又要让他人了解自己，在社会交往中肯定自己的价值，实现人生的目标，成为生活中真正的强者。

再次，要顺其自然地生活。不要为一件事没按计划进行而烦恼，不要对某一次待人接物做得不够周全而自怨自艾。假如你对每件事都过分苛求的话，你就会不知不觉地把自己的感情紧紧封闭起来了。应去重视生活中那些偶然的灵感与乐趣，快乐是人生的一个重要标准。

另外，不要限制真实情感的流露。如果你与你的挚友分离在即，你就让即将涌出的泪水流下来，让对方感受到你的不舍。

我们来看看下面这件事，应该对大家有所启发：

夏安庆的丈夫因脑瘤去世后，她变得郁郁寡欢，脾气暴躁。

一天，夏安庆在小镇拥挤的路上开车，忽然发现一幢房子周围竖起了新的栅栏。那房子已有一百多年的历史，颜色泛白，有很大的门廊，过去一直隐藏在路后面。如今马路扩展，街口竖起了红绿灯，小镇已颇有些城市的味道，只是这座漂亮房子前的大院已被蚕食得所剩无几了。

可大院的泥地总是打扫得干干净净，上面绽开着鲜艳的花朵。一个系着围裙、身材瘦小的女人，经常会在那里，摆弄鲜花，修剪草坪。

夏安庆每次经过那房子，总要看看迅速竖立起来的栅栏。一位年老的木匠还搭建了一个玫瑰花阁架和一个凉亭，并漆成白

一、人生苦短，别跟自己过不去

色，与房子很相称。

一天她在路边停下车，长久地凝视着栅栏。木匠高超的手艺令她惊叹不已。她实在不忍离去，索性走上前去，抚摸栅栏。它们还散发着油漆味。里面的那个女人正试图开动一台割草机。

"喂！"夏安庆一边喊，一边挥着手。

"嘿，亲爱的。"里面那个女人站起身，在围裙上擦了擦手。

"我在看你的栅栏。真是太美了。"

那位陌生的女子微笑道："来门廊上坐一会儿吧，我告诉你栅栏的故事。"

她们走上后门台阶，当栅栏门打开的那一刻，夏安庆欣喜万分，她终于来到了这美丽房子的门廊，喝着冰茶，周围是赏心悦目的栅栏。"这栅栏其实不是为我设的。"那妇人直率地说道，"我独自一人生活，可有许多人来这里，他们喜欢看到漂亮的东西，有些人见到这栅栏后便向我挥手，几个像你这样的人甚至走进来，坐在门廊上跟我聊天。"

"可面前这条路加宽后，这儿发生了那么多变化，你难道不介意？"

"变化是生活中的一部分，也是铸造个性的因素，亲爱的。当你不喜欢的事情发生后，你面临两个选择：要么痛苦愤怒，要么振奋前进。"当夏安庆起身离开时，那位女子说："任何时候都欢迎你来做客，请别把栅栏门关上，这样看上去很友善。"

夏安庆把门半掩住，然后启动车子。内心深处有种新的感受，但是没法用语言表达，只是感到，在她那颗愤怒之心的四周，一道坚硬的围墙轰然倒塌，取而代之的是整洁雪白的栅栏。她也打算把自家的栅栏门开着，以示友善和欢迎。

那些有自闭倾向的朋友在心灵上有没有被触动？其实我们完全也可以这样，因为没有人会为你设限，人生真正的劲敌，其实就是我们自己，别人不会对我们封锁沟通的桥梁，可是，如果我们自我封闭起来，又如何能得到别人的友爱和关怀。相反，如果有一天我们真的打开了封闭已久的那扇心门，遵从自己的心，听取自己心灵的声音，我们就会发现，外面的风景是多么的绚烂，身边的朋友和亲人是多么的友善。人生是如此美好，我们又怎能在自我封闭中自寻烦恼？

　　其实不开心的时候谁都有，偶尔给自己一个独处的时间也无可厚非，但是朋友们，切莫将这种行为长长久久地延续下去。我们应该敞开胸怀接受这个世界的精彩，接受身边人的爱与关怀。当你用一颗充满期待的心去面对生活的时候，生活也会用更多的惊喜来回报你。不要再担心，不要再恐惧，要相信自己的实力，也要相信别人的善良，这个世界上的好人很多，这个世界上的好事也不少。

二、量力而行，对自己别太苛求

这世间任何事情都有它的限度，一旦超过了这个限度，不是物极必反便是乐极生悲。所以在我们的生命旅途中，我们应该尽力去发展我们能够发展的东西，而剩下的，就顺其自然吧！其实只要足够积极，只要尽心尽力，我们的心就是坦然的，自然也不需要与自己过不去，不要责备、怨恨自己，因为我们尽力了。只要尽力了，也便无所谓遗憾了。

自我要求低一些，对我们来说或许更好

毫无疑问，我们每个人都有自己的抱负，志存高远也无可厚非。但如果我们将目标定得太高，实现起来难度太大或者说根本实现不了，就会令自己郁郁寡欢，这俨然是在自寻烦恼。

的确，现代社会是人与人激烈竞争的社会，现代社会也是一个压力巨大的社会，我们为了在竞争中不被淘汰，就要不断提高对自身的要求，但上进归上进，我们还是不要给自己太大的压力。事实上，压力既是推动人前进的"推进器"，也会变成破坏人生的"定时炸弹"。

在一场气手枪射击比赛中，已到了决赛第八发射击，赛场气氛似乎到了窒息的程度。一位选手的手在颤抖，枪口在晃动。果然，他只打了9.4环。

赛后，他的教练表示，在一般的世界大赛决赛上，射击运动员的脉搏约为每分钟130次，而这场比赛中，这名运动员的脉搏则达到了160次左右！他的气手枪重量为1100多克，扣扳机的力量在500克以上。靶心的那个黑点直径为10毫米，0.1环的差距仅仅是0.5毫米。胜负成败就在细微差别之中。所以，射击比赛对运动员的心理要求非常高，任何细小的情绪波动都将反应到手腕上、枪口上，并影响射击结果。所以，运动员最好不要苛求自

己。以平常心应战，这才是比赛胜利的不二法门。

与此同理，生活中我们也应该持有一颗平常心，过高地要求自己，需要我们拼尽全部的心力，也未必能够得到满足，这样，奋斗的过程只剩下压抑感和紧张感，乐趣全失。时间一久，内心便会产生无法排解的疲劳感，整个人就像被蛀空的大树，虽然外面看起来粗壮，稍遇大风雨就会拦腰折断。

人其实是一种很简单的生物，事情做成了就高兴，失败了就生气。既然如此，何必把要求定得那么高呢？辛弃疾在《沁园春·将止酒，戒酒杯使勿近》——词中有两句话："物无美恶，过则为灾。"对自己的要求也是这样。严格要求自己，永不满足，不断上进，本是人生的进步动力，然而，给自己设下过高的目标，太过严厉地要求自己，能否达成目标不说，最起码会失去很多人生的乐趣。股神巴菲特对此深有所悟，他在提到自己的行动指南时说："我们专挑那种1尺的低栏，而避免碰到7尺的跳高。"这是一种很现实的说法，也很适用于我们的生活，因为人不是芝麻，不会越榨越出油，没有人可以无所不能，铁人也有疲惫的时候。所以对我们来说，量力而行，不强求，不强取，过平常人的安稳日子，或许也是一种不错的选择。

有这样一位同学，他在高中时立下志愿，一定要考上名牌大学。他功课的底子并不好，为了能实现自己的愿望，他每天在别人还没起床的时候就去读外语；晚上别人都睡了，他还在做习题。课外活动一概不参与，同学一块玩更没他的影子。过重的学习负担不但给他造成了巨大的身心压力，还让他的性格变得沉闷、封闭。他就在紧张、疲惫中度过了高中生活。日后同学聚会，别人都聚在一块兴致勃勃地回忆当年的快乐时光，只有他一个人默默无语，因为他的高中生活除了紧张的学习，实在没剩下什么。

我们不想这样吧？我们总不希望自己老去的那一天，生命中除了紧张的拼搏，便剩不下什么吧？那就放松一下自己。俗话说得好"能吃多少饭，就端多大碗"，我们过分地要求自己，希望以此逼迫自己不断前进，只会适得其反。马儿是要鞭打才跑得快，但是再健壮的骏马也要休息。马儿如此，人又何尝不是呢？所以，把标杆降低点，对自己要求低一些，这样对我们来说或许更好。

当然，这里我们所说的降低要求，不是放纵堕落，而是希望大家对自身能力、对能力所能取得的成果、对什么是人生乐趣做出一个合适的判断与取舍。因为，漠视个人能力的局限，一味死撑，只会劳而无功。

只可惜，很多人就是那样偏执——他们对自己要求太高，近乎苛刻，常因小小瑕疵而自责不已。说起来，这样的人活得真的很累。其实，人生需要的更多是激励，而不是自我惩处，为减少我们生命中的负累感和挫折感，我们有必要降低对于自身的期望，如此，心情真的会舒畅许多。说到底，人生毕竟是旅行，不是谁设定好的竞赛。努力拼搏，就像在人生路上猛跑，降低要求就是放慢脚步，去看看路边的风景。终点撞线的荣光固然可羡，但路边的风景也是同样的美丽，甚至比终点的光荣还有价值。

二、量力而行，对自己别太苛求

人生，其实很简单

心中填满功名利禄，脑中充塞财势情欲，又何来闲情欣赏江山秀丽？其实，生活本来就很简单，肚子饿了就吃饭，乏了、困了就睡觉，再简单不过的事情，却被我们弄得那般复杂。

饥来吃饭，困来即眠，平淡、自然就是福气，可是，我们之中又有几人能够遵循这最基本的规律呢？该吃饭时，为了工作、为了减肥，忍饥挨饿；不该吃饭时，虽然酒足饭饱，为了应酬硬要大吃大喝，结果落得一身病患。睡眠呢？同样得不到保证，还是为了加班、为了所谓的应酬，常常熬夜、通宵，时间长了又怎能不生病？

其实，人们吃不香、睡不着，还是因为精神压力太大、负累太多。总是觉得房子太小，总感觉车子没别人的好，钱怎么赚都嫌少。一个欲望得到满足，马上便会衍生出下一个欲望，得不到就想要，得到了又怕失去，总是患得患失，心理无法达到平衡，因而寝食难安，时时都在烦恼。这时，我们需要淡化一下自己的内心，因为平淡也是福气。

睿智的古人早就给我们指出："世味浓，不求忙而忙自至。"所谓"世味"，就是尘世生活中为许多人所追求的舒适的物质享受、为人欣羡的社会地位、显赫的名声，等等。今日的某些人追求的"时髦"，也是一种"世味"。

可怜某些朋友在电影、电视节目以及广告的强大鼓动下，"世味"一"浓"再"浓"，疯狂地紧跟时髦生活，结果"不知不觉地陷入了金融麻烦中"。尽管他们也在努力工作，收入往往也很可观，但收入永远也赶不上层出不穷的消费产品的增多。这些朋友，如果不克制自己的消费，不适当减弱浓烈的"世味"，就很难有真正的快乐生活。

在一篇文章中，作者感慨她的一位已故朋友一生为物所役，终日忙于工作、应酬，竟连孩子念几年级都不知道，留下了最大的遗憾。作者写道，这位朋友为了累积更多的财富，享受更高品质的生活，终于将健康与亲情都赔了进去。那栋尚在交付贷款的上千万元的豪宅，曾经是他最得意的成就之一。然而豪宅的气派尚未感受到，他却已离开了人间。作者问："这样汲汲营营追求身外物的人生，到底快乐何在？"

这位朋友显然也是属于"世味浓"的一族，如果他能把"世味"看淡一些，像陈美玲那样"住在恰到好处的房子里，没有一身沉重的经济负担，周末休息的时候，还可以一家大小外出旅游，赏花品草……"这岂不是惬意的生活？陈美玲也曾写道："'生活简单，没有负担'，这是一句电视广告词，但用在人的一生当中却再贴切不过了。与其困在财富、地位与成就的迷惘里，还不如过着平淡的生活，舒展身心，享受用金钱也买不到的满足来得快乐。"的确，平淡的生活确实是快乐的源头，它能为我们省去汲汲于外物的烦恼，又能为我们开阔身心解放的快乐空间。当然，"平淡生活"并不是要我们放弃追求，放弃劳作，而是要我们抓住生活、工作中的本质及重心，以四两拨千斤的方式，去掉世俗浮华的琐务。简单地说，就是要我们剔除生活中繁复的杂念，拒绝杂事的纷扰。

　　生活中经常听一些朋友感叹烦恼很多，到处充满了不如意；也经常听一些朋友抱怨无聊，时光难以打发。其实，生活是平淡而又丰富多彩的，痛苦、无聊的是我们自己而已，跟生活本身无关，所以是否快乐、是否充实就看我们怎样看待生活、发掘生活。如果觉得痛苦、无聊、人生没有意思，那是因为我们不懂快乐！快乐是简单的，它是一种自酿的美酒，是自己酿给自己品尝的；它是一种心灵的状态，是要用心去体会的。平淡地活着，快乐地活着，我们会发现，快乐原来就是："众里寻他千百度，蓦然回首，那人却在灯火阑珊处。"

拼搏的时候，也别忘了适当休息

　　那些完不成的目标、遥不可及的梦想，看起来虽然光鲜亮丽，追起来就等于折磨自己。

　　在我国东北地区的深山老林里，流传着这样一种说法：老虎是兽中之王，不过要论力气，它不如黑瞎子（狗熊）大。狗熊的生命力特别顽强，而且皮糙肉厚，一般的攻击根本伤不了它。可是山里面虎熊相斗，总是老虎得胜，为什么呢？

　　狗熊和老虎都是身高力大的猛兽，据说，它们一旦打起来，就是几天几夜。老虎打累了、打饿了或是战况不利，就会撤出战场，先到别处捕食。等到吃饱喝足，歇过劲儿来，回来再找狗熊打。狗熊就不一样了，一旦开打，就不吃、不喝、不休息，老虎跑了它就"打扫战场"，碗口粗的树连根拔出来扔到一边，等着老虎回来接着打。时间长了，狗熊终于筋疲力尽，所以最后总是老虎打败狗熊。

　　老虎和狗熊打架的故事告诉我们，做事情不能追求一竿子插到底，一口气把所有问题解决。不肯放松自己，在坚强上进的表面下，就会隐藏着偏执与自我压抑的危机，不利于身心健康。过于苛求自己的人，压力显然要比一般人大，内心显然要比一般人更焦虑，身心也就更容易不堪重负。这样的朋友应该有意识地给自己放放假，如果长期处在这种状态下，情绪得不到缓解，就很容易走上极端，不少人年纪轻轻就患上各种心理疾病，比如抑郁症，就是过于苛求自己的结果。

　　希望朋友们能够明白，人生是一个漫长的旅程，是马拉松长跑而不是百米冲刺。唯有张弛有度，才能持之以恒，把热情和精力保持到最后。这就像我们吃饭，如果每顿饭只吃一样东西，那么再好吃也会令我们反胃。同理，如果神经一直紧绷着，就算我们是铁人，也有崩溃的一天。先贤们倡导的"持之以恒""坚持到底"，并不是要我们耗尽最后一分精力和热情，而是鼓励我们屡败屡战、锲而不舍。这其中的差别大家要想明白。

　　西谚有云："只工作，不玩耍，聪明杰克也变傻。"那种把工作当成一切，一直工作不放松的人，我们称他们为"工作狂"。很多工作狂之所以把自己完全泡在工作里，不是因为他们热爱工作，更不能表明他们很有毅力，事实正好相反，他们往往都是意志软弱的人。很多工作狂因为无法应付生活中的多种挑战，采取了逃避的办法,把自己埋在工作当中。所以,他们可能在工作上表现突出,但他们的生活却很少有能称心如意的。

真正有理智、有毅力的人,绝不会是能抓紧而不能放松的人。他们有自信,所以能暂时放下心头的负担,去享受生活的乐趣;他们有智慧,懂得磨刀不误砍柴工的道理;他们有毅力,放松但不放纵。他们在奋斗拼搏和放松享受之间出入自由,游刃有余。

我们建议大家适当放松一下,并不是要大家不去工作,而是要让大家在奔波疲惫之余能有个喘息的机会,静下来享受生活。有些朋友把人生目标订立得很高,希望功成名就,成为站立在金字塔尖上的人。可是,塔尖的面积是有限的,少数人的成功是建立在多数人的默默无闻之上的。于是,不免要伤心、要失落。其实仔细想想,这又是何必呢?不能成为第一,就坦然充当第二;不能爬到金字塔尖上,不妨就在塔中央看看风景。这也是不错的选择。

其实,生活的本真在于发现快乐、创造快乐、享受快乐。梦想如果能成真,那固然是好,梦没能成真,也没有关系,我们不必过分苛求,不要紧绷着自己,学会放松,顺其自然,我们的心情才能豁然!

忙碌,终究让我们得到了什么

其实,生活需要简单来沉淀。儒家创始人孔子就认为,有理想、有志向的君子,不会总是为了自己的吃穿住行而奔波——"饭疏食饮水，曲肱而枕之，乐亦在其中矣"。同时孔子还提出，不符合于"道"的富贵荣华，是坚决不应该接受的，对待这些东西，就像是天上的浮云一般。这种思想深深影响了中国古代的知识分子，当然，它也是这个时代我们所应遵守的做人信条。

　　一个人的思想，一旦升华到追求崇高理想上去，就能够放宽心境，不为物累，心地无私、无欲，随时随地去享受人生，也就苦亦乐、穷亦乐、困亦乐、危亦乐了！其实如果你身边有真正高修养、高品位的人，不妨仔细观察一下他们，他们可能并没有非常富足的物质生活，但依旧活得很快乐，因为他们的内心几乎进入了一种不受物役的"知天""乐天"的精神境界。古人说："求名之心过盛必作伪，利欲之心过剩则偏执。"在今天这个名利之风渐盛的社会，面对物质压迫精神的现状，我们确实需要在简单、朴素中体验心灵的丰盈、充实，才能将自己始终置身于一种平和、淡定的境界之中。

　　所以朋友们，当我们感到负累或烦躁之时，不妨暂时跳出忙碌的圈子，丢掉那些过高的期望，走进自己的内心世界，认真地体验生活、享受生活，这时我们就会发现，生活原本就是简单而富有乐趣的。

　　朋友圈中有这样一对夫妻，他们原本在同一家国企供职，夫妻都有一份稳定的收入。每逢节假日，他们便会带着5岁的女儿去游乐园打球，或者到博物馆去看展览，一家三口其乐融融。后来，经人介绍，老公跳槽去了一家外企公司，不久，在丈夫的动员下，妻子也离职去了一家外资企业。

　　凭着出色的业绩，夫妻俩各自成了所在公司的骨干。他们白天拼命工作，有时忙不过来还要把工作带回家。5岁的女儿只能

二、量力而行，对自己别太苛求

被送到寄宿制幼儿园里。慢慢地，这个妻子觉得，自从两人跳到体面又风光的外企之后，家就有点旅店的味道了。孩子一个星期只回来一次，有时她要出差，就很难与孩子相见了。不知不觉中，孩子幼儿园毕业，在毕业典礼上，她看到自己的女儿表演节目，竟然有点不认得这个懂事却可怜的孩子了。孩子跟着老师学到了那么多，可是在亲情的花园里，她却像一朵孤独的小花。频繁的加班侵占了他们周末陪女儿的时间，以至于平时最疼爱的女儿在自己的眼中也显得有点陌生了。这一切都让这个妻子陷入了一种迷惘和不安当中。

借问一句，我们之中是否也有人和这位妻子一样，经常发现自己莫名其妙地陷入一种不安之中，而找不出合理的理由呢？这其实是我们内心不堪重负而发出的微弱呼唤，只有躲开外在的嘈杂喧闹，静静聆听内心的声音，我们才会做出正确的选择，否则，我们就将在匆忙喧闹的生活中迷失，找不到真正的自我。

朋友们可知道，当我们被来自四面八方的各种琐事捆绑得动弹不得之时，是谁造成了这个局面？没错，正是我们自己，不是别人。相信大家都有这样的体验：从早到晚忙忙碌碌，没有一点空闲，但仔细回想一下，又觉得自己并没有做什么。缘何如此？这是因为我们花了很多时间在一些无谓的小事上，泛滥的忙碌只会让我们失去自由。

一本杂志曾经报道过一则封面故事"昏睡的美国人"，大概的意思是说：很多美国人都很难体会"完全清醒"是一种什么样的感觉。因为他们不是忙得没有空闲，就是有太多做不完的事。

美国人终年"昏睡不已"，听起来有点不可思议。不过，这

· 35 ·

并不是好玩的笑话，这是极为严肃的话题。仔细想一想，我们一年之中是不是也像美国人一样，没多少时间是"清醒"的？每天又忙又赶，熬夜、加班、开会，还有那些没完没了的家务，几乎占据了我们所有的时间。有多少次，我们可以从容地和家人一起吃顿晚饭？有多少个夜晚，我们可以不用担心明天的业务报告，安安稳稳地睡个好觉？应接不暇的杂务明显成为日益艰巨的挑战，许多人因此整日行色匆匆，疲惫不堪。放眼四周，"我好忙"似乎已经成为现代人共同的口头禅，忙是正常，不忙就是不正常——这就是现代人的现状。那么试问，还有谁能在行程表上挤出空当享受一下生活呢？

　　奇怪的是，尽管我们都已经忙昏了，每天为了"该选择做什么"而无所适从，但绝大多数朋友却还认为自己"做得不够"。我们常听人这样说——"我如果有更多的时间就好了""我如果能赚更多的钱就好了"，好像很少听到有人说："我已经够了，我想要的更少！"你看看，我们是不是把自己逼得太苦了？如果我们的生活已经在不知不觉中陷入这种境地，该怎么办？我们有三种选择：第一，面面俱到，对每一件事都采取行动，直到把自己累死为止；第二，重新整理，改变事情的先后顺序，重要的先做，不重要的以后再说；第三，丢弃，你会发现，丢掉的某些东西，其实是我们一辈子都不会再需要的。

　　一位哲人说得好："生命太短暂，无暇再顾及小事。"其实，我们根本没有必要把所有事情都放在心上。人，若要活得长久些，就得活得简单些；若要活得幸福些，就得活得糊涂些；若要活得轻松些，就得活得随意些。生活，原本就没有那么复杂，只是我们把它变得复杂了。大千世界种种人，

· 36 ·

各有各的苦恼，各有各的快乐，只是看我们更在意快乐，还是更在意烦恼罢了。

生活这东西，其实随意就好，顺其自然，不埋怨、不抱怨、不浮躁、不强求、不悲观、不刻板、不慌乱。天气晴朗的时候，我们就充分享受阳光的美好，让自己时刻都处在好心情之中，不要总是强迫自己去想那些烦闷的事情。这不是很好吗？

我们的人生或许会有很多追求，但无论追求什么，大家记得，都要秉持这样一个前提——不要让心太累。心若是疲惫了，那无论做什么、得到什么，我们都不会感到真正的快乐。是的，我们都向往着成功，但同时我们也要考虑一下，为这个"成功"我们要付出怎样的代价，是得大于失，还是失大于得。

希望大家能够明白，对于成功的定义，仁者见仁，智者见智。有的人认为腰缠万贯才是成功，可是财富却往往与幸福无关。纽约康奈尔大学的经济学教授罗伯特·弗兰克说："虽然财富可以带给人幸福感，但并不代表财富越多人越快乐。"一旦人的基本生存需要得到满足后，每一元钱的增加对快乐本身都不再具有任何特别意义，换句话说，到了这个阶段，金钱就无法换算成幸福和快乐了。如果一个人在拼命追求金钱的过程中，忽略了亲情，失去了友谊，也放弃了对生命其他美好方面的享受，那么到最后即便成了亿万富翁，他也是孤独和迷惘的。

如果你不想这样，那么不妨让自己的心态淡然些，让生活随意些，因为幸福与快乐就源自内心的简约，简单会使我们宁静，宁静会使我们快乐。我们的心随着年龄、阅历的增长而日趋复杂，但生活其实一直很简单。保持自然的生活方式，不因外在的影响而痛苦抉择，就会懂得生活的简单快乐。

做个"懒人"也未尝不可

不知道大家还记不记得小时常唱的那首歌:"随着年岁由小变大,他的烦恼增加了……"人生就是这样,年龄年复一年地增加着,压力也在日复一日地增加着,到了一定的岁数,我们多多少少都会为一些事情忧虑,其实细细想来,谁没有忧虑呢?只是我们要放轻松,要学着将内心的重负抛开,还原本来属于自己的快乐。

人这一辈子,总会遇到这样或那样的压力,有些压力可以成为我们前进的动力,而有些压力如果不能得到良好的排解,很有可能就会成为我们内心的重负。于是,不知什么时候,我们在忙碌之中忘记了顾家之乐;不知什么时候,我们因疲惫而丧失了朋友之乐;不知什么时候,我们开始因为忧虑无法排解而辗转难眠;不知什么时候,我们开始感慨时光的流逝,相册里的一张张微笑的脸变成了曾经的记忆……

其实,面对生活我们没有必要过于悲观,有句名言是这样说的:"如果你对生活微笑,生活也会微笑着对你。"面对压力和困难,我们首先要学会保持一颗从容淡定的心,乐观地面对人生中的一切。只有这样,我们才能抛开心中的重负,找回那个曾经快乐的自己。一个人快不快乐,完全取决于他面对人生的态度,

二、量力而行，对自己别太苛求

有些时候是我们自己把眼前的重负看得过于强大了，而事实上，如果我们真的勇敢地去面对它，它就会现出原形，这时候我们才发现，它不过是一只纸老虎而已。

有的朋友说："真觉得很累，生活真没劲！刚毕业的时候，什么都没有，却很快乐。现在什么都有了，快乐却没了！"这句话说出了很多人的心声。生活就是这么矛盾，好像拥有得越多，心就越疲惫，既然如此，为什么不让自己生活得简单一点，让心自由一点呢？

这个世界本来就是多极的，有人喜欢奢华而复杂的生活，有人喜欢简单甚至是返璞归真的生活。当人性中的浮躁逐渐被时间消解了的时候，人们似乎更喜欢简单的生活，这是一种趋势。

衣、食、住、行一直是人们企图高度满足的四个方面。只是眼下无论在西方，还是在东方，总有一些人，不仅对物质的要求变得简单，住简单而舒适的房子，开着简单而环保的车，而且处理现实的工作时，也在追逐简单而实用的方式，用现代科技带给现代人的简单工具，"修改"着自己的工作和生活。出门带着各种银行卡，走到哪里刷到哪里，揣着薄薄的笔记本电脑，走到哪里工作到哪里，甚至在厕所里也可以打开电脑处理一些日常工作，并从这些简单中得到无限的乐趣。

不过，人们为了追求简单的生活，往往会付出很大的代价。首先，是精神上或观念上的代价。中国改革开放以来，一些人突然富有起来，但是有些富起来的人面对眼花缭乱的财富，就有点手足失措，有些人竭力去追求奢华，似乎想把过去贫困时期的历史欠账找回来。社会学家对这一时期"奢华"的解释是，中国人过去太穷了，"暴吃一顿"也算是一种心理补偿。每个正在发展的社会都会有这一阶段，就是暴发户大量出现的阶段，是一个失去了很多理性的阶段。到了现在，社会理性逐渐恢复，人们对生活和消费也逐渐变得理性。追求简单的生活方式，就是一些为了格调而放弃奢华的人的选择。

另一个代价就是人们在技术上的投入代价。为了满足人们日益追求简单生活的需求，那些抓住一切机会创造财富的商人们都付出了极大的开发成本。如电脑厂商把电脑做得越来越小，这种薄小是需要付出较大研发成本的。

很多看起来简单的东西都是人们花费了很多心血"折腾"出来的，是这些人的心血让我们的生活变得简单而开阔。

节奏紧张的现代社会，各种各样的压力让人苦不堪言。像"我懒我快乐""人生得意须尽懒"等"新懒人"主张的出现，就一点不奇怪了。"新懒人主义"本着简洁的理念、率真的态度，从容面对生活，探究删繁就简、去芜存菁的生活与工作技巧。

一本《懒人长寿》的国外畅销书说，要想获得健康、成就与长久的能力，必须改变"不要懒惰"的想法，鉴于压力有害健康，应该鼓励人们放松、睡点懒觉、少吃一些等。其主要观点是："懒惰乃节省生命能量之本"。我们以为，这不但是养生观念，更是成功理念。

"我懒我快乐"的懒人哲学，即使无力改变这劳碌社会的不理智、不健康倾向，起码亮出了一个鲜明有个性的态度——懒人控制不了整个社会，却能控制自己的欲望。古人说："从静中观动物，向闲处看人忙，才得超凡脱俗的趣味；遇忙处会偷闲，处闹中能取静，便是安身立命的功夫。"

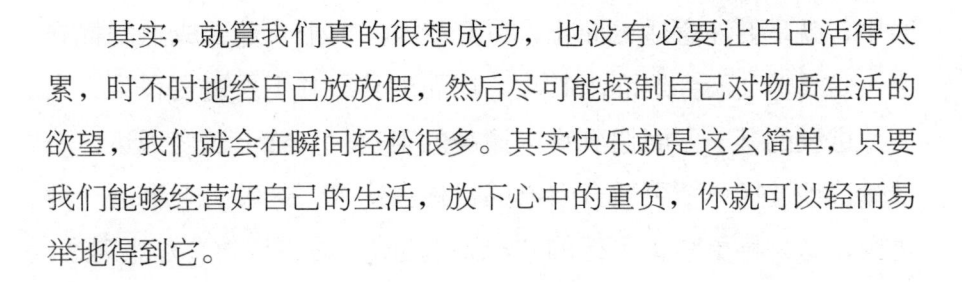

其实，就算我们真的很想成功，也没有必要让自己活得太累，时不时地给自己放放假，然后尽可能控制自己对物质生活的欲望，我们就会在瞬间轻松很多。其实快乐就是这么简单，只要我们能够经营好自己的生活，放下心中的重负，你就可以轻而易举地得到它。

活得实际，便懂得见好就收

人生有无限的机会、无限的力量、无限的潜能、无限的意义。可以说，人生就是"无限"的。但是，我们也不能因为无限，就毫无顾忌，肆意妄为。有时候，更应该有个"适可而止"的人生。强开的花难美，早熟的果难甜，天地的节气岁令，总有个时序轮换。切记悬崖勒马，莫要越俎代庖，行事总要有个分寸。《宝王三昧论》也说："于人不求顺适，人顺适则心必自矜。见利不求沾分，利沾分则痴心亦动。""适可而止"的人生，实在可以作为座右铭的参考。

在生活悲欢离合、喜怒哀乐的起承转合过程中，我们应随时随地、恰如其分地选择适合自己的位置。先贤说："贵在时中"，时就是随时，中就是中和，所谓时中，就是顺时而变，恰到好处。正如孟子所说的："可以仕则仕，可以止则止，可以久则久，可以速则速。"鉴于人的情感和欲望常常盲目变化的特点，讲究时中，就是要注意适可而止，见好就收。一个人是否成熟的标志之一是看他会不会退而求其次。退而求其次并不是懦弱畏难。当人生进程的某一方面遇到难以逾越的阻碍时，善于权变通达，心情愉快地选择一个更适合自己的目标去追求，这事实上也是一种进取，是一种更踏实可行的"以退为进"。古人说："力能则进，否则退，量力而行。"自不量力、一味逞能实在是我们经营人生的大忌，当我们在一种境地中感到力不从心的时候，退一步或许就是海阔天空。

人在世上，知足就能常乐，见好就收，才是真正的聪明。《红楼梦》中第一回就讲"因嫌纱帽小，致使锁枷扛"。这不就是贪婪的结果？曾听朋友说起这样一件事，颇觉有趣：他的姑婆，一位思想守旧的老人家，一生没有穿过合脚的鞋子，她的鞋总是最大号的。儿孙不解，就问她，她回答说："大鞋小鞋都花一样的钱，为什么不买大的？"

每每朋友说起这件事，总有一些人笑得直不起腰。但事实上，我们之中很多人就有姑婆这样的思想。这些人总是想着能多占就多占，其实只是被内在贪欲推动着。事实上，无论买什么鞋子，合脚的才是最好的，不论追求什么，最好还是适可而止。

然而，放眼看世间：权力场上你争我斗，生意场上尔虞我诈，感情场上三心二意，股票场上得陇望蜀，最后往往都落得个鸡飞蛋打、人仰马翻，这就是不知见好就收的结果。正所谓"知止所以不殆"，人的欲望沟壑永远也填不满，谁若是一味地追求欲望，那么一生都不会体会到满足的幸福。

在人生这段旅程上，此一时有此一时的想法，彼一时有彼一时的境遇，环境在变，人就要随着应变，以求做出最好的自我调整。无疑，"适可而止，见好就收"的心态，更能令我们清晰地认清外界的这种变化。所以，朋友们不要把"适可而止，见好就收"当成是简单的退缩，它是一种随机应变、另谋出路的智慧。

换言之，那种懦弱的、不知进取之人，是绝不可能见好就收的，因为他们从不曾"好"过。对于我们而言，我们既然已经达到了"好"的程度，当然可以追求更好，但若精力有限，莫不如见好就收，没有必要让自己活得那么累，生活如是，追求如是，感情如是，欲望亦如是。

朋友们切记，大千世界，潮涨潮落，阴晴圆缺，成败得失，悲欢离合，万物自有其自身的发展规律，许多时候并不是人力所能改变的，如果我们固执于此，岂不是自己给自己添堵？"深信高禅知此意，闲行闲坐任荣枯"，看看这是一种多么洒脱的境界，做人做事当能及此一二，人生必是另一番皆大欢喜的大好局面。

其实，人生就像玩牌一样，不可能每一把都是好牌。所以，见好就收才是最大的赢家。

不幸福是因为所求过多

知足常乐，任谁都能读懂的四个字，可是真做起来也不容易！大千世界，芸芸众生，我们之中又有几人能够悟透这种境界？在这浮躁的社会中，浮躁的我们往往很难按捺住那颗浮躁的心，于是我们不断地去争，然而，成功和满足却依旧离我们那样遥远。即便真的很疲倦，我们也从不肯让自己歇息片刻，而这一切只是为了"知足"。殊不知，凡事没有最好，只有更好，我们若是得陇望蜀，那么就永远也无法获得满足。

其实，知足无非是在一念之间，当我们得到了生命中的正常所需，我们感到满足，那么快乐会随之而来；相反，倘若我们所求过多，我们永远不肯停止索求的脚步，那么我们将很难感受到快乐。一个快乐的人未必要多富有、多有权势，快乐的理由很简单——懂得知足。知足会让我们的生活变得更加简约，会为我们卸去那些不必要的负担，开阔我们的视野，放松我们的身心，使我们活出真正的自己、享受真实的自己，从而过上轻松写意的生活。

然而，今时今日，消费文化助长了不满，使我们对物质的渴望日益增强，知足似乎已经成为相当困难的事情。要想达成这种心态，毫无疑问需要一个属于自己的历练过程，而每个人的人生轨迹又不尽相同，所以说如何获得知足心态，并没有什么放之四海而皆准的方法。但大体上说，仍有几个关键要素可助我们走向生命中的知足。

首先，心怀感恩。一个懂得感恩的人，才会看重生命中所拥有的东西，而不是所缺少的。那么闲暇之余我们不妨静心想想：生命中已经拥有了什么？它是不是值得我们去感恩？

其次，控制心态。不要总是想着"如果我得到……该有多好"，试着去控制我们的欲望。切记：幸福并不取决于物质，而是在于你以怎样的心态去生活。

再次，停止比较。不断地拿自己与他人做比较，这样只会使

| 二、量力而行，对自己别太苛求 |

我们陷入深深的不满，因为这个世界上总有人在某些方面比我们好。其实，每个人的人生都有好的一面，而别人的生活也从不像你想象的那般美好。所以请大家记住，我们的生活其实一直也是不错的。

其实，布衣茶饭，也可乐终身。人生在世，贵在懂得知足常乐，我们要持有一颗豁达、开朗、平淡的心，在缤纷多变、物欲横流的生活中，拒绝各种诱惑，让心境变得恬适，生活自然也就愉悦了。而之前我们之所以烦恼重重，就在于不知足，整天在欲望的驱使下，忙忙碌碌地为着自己所谓的"幸福"追逐、焦灼、钩心斗角……结果却并非所想。其实人生短短数十载，真的没有必要给自己的心灵增加太多的负担，更没有必要对生活产生太多的不满。生活免不了存在缺陷，只要能够珍惜"我所有"，以一颗知足、平常的心寻找生活中快乐的亮点，我们的内心就一定能够阳光永驻。

如果你不能是一只麝香鹿，那就当一尾小鲈鱼

许多人有"逞能"的习惯，你我都一样，不用不好意思。其实人活在世上，有时真有必要去"逞逞能"，譬如在民族大义面前，譬如有人触犯了我们的原则底线，那么即使明知不可为，或许也要硬为之了。

· 45 ·

我们这里所说的"逞能"其实是一种盲目的心理状态，比如有人奉承你两句，你便觉得自己无所不能，也不衡量自己有多少斤两，就硬着头皮去做自己力不能及的事情，结果怎么样？不但事做不成，还常常令自己颜面扫地。

是的，有时我们需要一点"明知山有虎，偏向虎山行"的精神，以此来激励自己的人生，让自己的心灵更加坚韧、顽强，但有时我们也要懂得一点变通和放弃。就像著名学者林语堂先生所说的那样——"明智的放弃胜过盲目的执着。"打肿脸充胖子的事谁都能做，但为什么要做？累不累？值不值得？充了胖子别人就会觉得你有能耐、觉得你英雄、觉得你仗义吗？未必。倒是很多时候，我们费了不少力，换来的却是讥笑与嘲讽。这怪不得别人，只怪我们自己太自不量力。

自己没有金刚钻，为何要揽瓷器活？人是要有自知之明的，要清楚自己的极限在哪里，凡事量力而行、尽力而为。场面上，有多大酒量，咱们就喝多少酒，不要喝伤自己；有多少能耐，咱们就出多大力，不要累垮自己！你想学武松一样上山打虎，那你就要先练就武松的本事，否则岂不是白白葬送性命？

"不抛弃、不放弃！"——自从电视剧《士兵突击》热播以后，这句话俨然成了人们自我激励的口号。是的，一个"人"字昂然挺立，的确应该具备百折不挠的毅力与决心，这是对信念的忠诚，对生命的坚守，但凡事都不可太绝对。这世间的事纷扰复杂，充满变数，我们需要斗志，但更需要睿智。刘欢老师的《好汉歌》中有这样一句——"该出手时就出手，风风火火闯九州"，我们反过来思考，是不是还有一种理论？那就是——"不该出手就别出手，稳稳当当世上走"！这是人生的另一种智慧。

二、量力而行，对自己别太苛求

英国著名作家狄更斯早就告诫我们："如果你以为仅凭一腔热情就能办到一切，那你还不如趁早放弃这次行动。"这与我国古代大思想家老子不谋而合——"知足常足，终身不辱；知止常止，终身不耻"。事实上，当我们缺乏准确判断而做出某种非理性坚持时，它就会成为自不量力的代名词，成为盲目和狂热的行为，倘若依旧一意孤行，就很可能会伤及心灵，甚至是我们的人生。

有位朋友师院毕业，被分到市属中学工作，正赶上市教委要求该校抽调人员对全市的中学进行实地考察，并要求写出相应的调查报告。这位朋友还没有被安排授课，因此便选中了他。起初，他感到很为难——自己刚出校门，不但对本市教学情况不了解，就是对教育工作本身，他也知之尚少，何况他本就不想参加。无奈，校长已经开了口，他碍于情面，实在不好拒绝。

一个月后，别人都按时上交了调查报告，唯有他一个没交，由于不谙世故，又缺乏经验，他对自己分工调查的三个中学连情况都没摸准，更不用说分析了。市教委主任很是恼火，大斥校长不会用人，这位朋友面子上受不了了，又气又愧，最后只好辞职。

这位朋友当初为了照顾别人的情面，最终自己面子难保，身心都受到了巨大伤害。这对他而言应该是一个很深刻的教训。然而，这对我们而言又何尝不是一种启示呢？如果因为面子问题，不管三七二十一地一味应承，事若不成，不但对方会不满，而且对于我们自己也是一种打击。所以说，无论做什么事，我们都要量力而行，对于力所不及的事情，就要明智地放弃，别怕丢面子，也别怕别人不高兴，因为这已经超出了我们的能力范围，不是我们懦弱，而是我们真的不能。

有一位登山队员，在攀登珠峰时由于体力已接近透支，便在8000米的高度停了下来。后来他向朋友说起此事，大多朋友都为他感到惋惜，说"怎么不坚持一下""咬一咬牙关就过去了"……他却笑着说："不，我自己很清楚，8000米已经是我能够登上的最高高度，我一点也不感到遗憾。"

"已经是我能够登上的最高高度，我一点也不感到遗憾。"简单的一句话，却显得那样睿智，倘若人人都能如此自知，那么我们的人生必然会减少很多悲剧。

不论做什么事，只要我们尽力了，但若是仍与期望值存在一定差距，并且可以确定这差距无法严丝合缝，那么索性就放弃吧。其实承认自己有所不能并不丢脸，知事明理的朋友也不会因此小看你。

人生这条路说长不长、说短不短，可我们的精力有限，能不能少走一些弯路，就看你心中是否有一个准确的衡量，是否对成功的概率有一个准确的预算——是"八九不离十"还是"十万八千里"？倘若是后者，那么奉劝大家趁早改弦易张，这样对谁都好，也不会给自己留下"蚍蜉撼树"的笑柄。

其实说了这么多就是想告诉大家，人生成功的秘诀就在于——量力而行，尽力而为。换言之，如果你不能是一只麝香鹿，那就当一尾小鲈鱼。

三、脚踏实地,要做最好的自己

人生是如此短暂,根本容不下我们去浪费!所以我们要想活得轻松一些,就要对自己有一个准确的把握,别被那些虚荣与虚无的东西所影响,别分心,脚踏实地地去把自己该做的事情做好,努力成为最好的自己。

对自己要有一个准确的把握

对于"自知"这个词,朋友们都不陌生,就是人对自己的了解。人常说"贵在有自知之明",一个"贵"字,足以见得自知是何其不易;又一个"明"字,更可见自知是多么有智慧。其实,咱们多数人都是不自知的,这就像"目不见睫"——人眼可以看到百尺以外的东西,却看不到自己的睫毛,又或可以说"不识庐山真面目,只缘身在此山中"。

事实上,在这里我们没有必要给自己太多的粉饰,人不自知,归根结底还是自我意识太重、主观性太强。是的,我们都认为自己不错,也喜欢听别人夸赞自己,而对于自己的缺陷,我们会本能地去掩饰,对于别人的批评,我们会本能地去排斥。于是久而久之,我们的眼睛蒙了尘,便会越发地看不清自己。

不自知最常见的行为表现便是自恋,就像我们之中的一些人,总是觉得自己万般皆好,真是怎么看怎么顺眼,亦如唐人郑谷所说的那样——"举世何人肯自知,须逢精鉴定妍媸。若教嫫母临明镜,也道不劳红粉施。"嫫母是黄帝的妻子,贤良淑德,但其相貌确实不敢恭维,郑谷以此为喻,倒是将世人的自恋姿态描绘得淋漓尽致。在《西游记》中也有这样一段,猪八戒曾自言道:"今日赴佳期去,对着月色,照着水影,是一表好人物。"这

三、脚踏实地，要做最好的自己

样看来，猪八戒还是有点自知之明的，"对着月色，照着水影"，一片朦胧，若不细看，他倒也是"一表好人物"。不过，这若是换在光天化日之下，对着水棱明镜，想必他也是知道自惭形秽的吧。

倒是生活中有些人物，或许比猪八戒还不如，他们什么样呢？——自以为是、自以为明、自骄自满……听到些许夸赞，便以为自己完美无缺；有了些许成绩，便以为自己无所不能；有点声名地位，便开始目中无人……不可否认，我们之中的确有这样的人存在，而且绝不是少数，不管你现在是否到了这种地步，至少，我们应该在心里给自己拉响一个警钟，别让自己掉入"不自知"的陷阱之中。

曾经看到过这样一则寓言，很有启示意义，我们大家一起分享一下：

说是有一只山羊突然来到栅栏外，它很想吃园内的白菜，可缝隙太小，它根本无法进入。这时，它不经意间瞥见了自己的影子，在阳光的斜射下，它的影子显得很长、很长……

"原来我竟如此高大，何必非要吃这白菜呢？我可以去吃树上的果子。"

小山羊奔向远方的一片果园，尚未到达目的地，日已近午，阳光照在它头上，它的影子缩成了很小的一团。

"唉，我这么矮小，看来是没法吃到果子了，不如回去吃白菜吧。"但片刻之后，它又转悲为喜："我现在这么苗条，钻进栅栏肯定不成问题！"

待回到栅栏外时，日已偏西，小山羊的影子再度被拉长。

"我为什么要回来？我不比长颈鹿矮，吃树上的果子毫不费力!"

就这样,小山羊往返于果园—栅栏之间,直至天黑仍然饿着肚子……

事实上,很多时候我们真的就和这只小山羊一样,我们的意识总是受到不同环境的影响,因而失去了对于自己的准确判断,于是,心中的那个"我"会诱使我们做出很多错误的举动。如果我们真心希望对自己有一个客观公正的了解,那么就必须换一个角度,跳出"自我"的怪圈。

一个人,只有客观地看待自己,才能对事物做出准确的判断。反之,若是脱离基本事实,过高或过低地评估自己,为自己确立一个不合实际的定位,就只能重复着错误的选择,到头来自食苦果。

也可以这样说,我们的心中都有一杆秤,若是称轻了自己,那就很容易自卑;若是称重了自己,那就难免要自负,唯有称得恰如其分,我们才能实事求是地认识自己,知道自己的斤两,才能给自己一个准确的定位。

我们必须做到自知,要知道自己是一个什么样的人,知道自己的优缺点,知道自己适合干什么又应该走什么样的路,只有这样,我们才能找准自己的社会定位而不至于迷茫。否则,纵然我们本身是块宝物,只要放错了地方,那也与废物无异。

美国大文学家马克·吐温就曾犯过这种错误。他年轻时和我们之中的很多人一样,每日做着发财梦,一心想在资本投资上捞一笔。但事实上,这个人有文学头脑却无经济头脑,于是,输得一塌糊涂。一直到了58岁那年,穷困潦倒的马克·吐温才认清自己,开始一心致力于写作。然后你猜怎么样?他仅仅用了3年的时间便还清了所有债务，最终成为举世闻名的大文豪。

一个人无论才能有多大，如果认不清自己，找不到适合自己发挥的场所，那就注定与成功无缘。

如今，站在纷扰复杂的世界上，前途茫茫，有时我们难免内心惶惶，对于生活抛给我们的选择题，我们若想选定一个正确答案，首先必须对自己形成一个正确的认知，及时纠正自己偏离的目标和行动步骤，只有这样我们才能少走弯路。

认清我们自己，这是必不可少的心灵练习，只有当我们对自己有了一个准确的把握，我们才能够释放出最大的能量，或者说，我们才能进一步接近成功。

不要好高骛远

我们是不是会这样？刚刚迈出校门，就想着"执掌帅印"；刚刚开始创业，就想着富甲天下。对于小事，我们不屑为之，一鸣惊人、震动天下才是我们的"理想"所在。倘若要我们从底层做起，岂有此理！那是屈才，是做领导的有眼无珠、大材小用！为什么做不出成绩？是自己生不逢时，是因为没有伯乐赏识！但我们可曾静下心想过，自己究竟做过些什么？

那么，我们是不是总觉得自己高人一等，是不是总觉得自己处处都比别人更强？谁都能做的工作让我们去做，我们不甘心、不情愿，因为"大丈夫处世，当扫天下，安事一屋？"我们激情四溢、志存高远，可是老大不小却依然一事无成，于是我们徒呼："奈何！心比天高，命比纸薄！"可是，我们是否仔细思考过，这"命比纸薄"的根结在哪儿？

我们是不是时常这样抱怨："每天都要做些鸡毛蒜皮的小事，烦都烦死了，这不是浪费生命吗？难道我宝贵的青春就要在这些小事上消磨殆尽？"

如果上述种种情况都曾在我们身上出现过，甚至还在延续，那么很不幸，我们患上了一种顽疾，它的名字叫"好高骛远"！

谁如果感染了这种病毒，那么他的心灵必然会受到侵害，他甚至会认为，人生可以不经过程而直奔终点，不从卑俗而直达高雅，舍弃细小而直达广大，跳过近前而直达远方。

那么，就让我们来简析一下这种顽疾的成因。它始于心性高傲，成于轻浮于世。也就是说，过高的心性令我们对自己、对现实产生了错误的认识，于是我们盲目认为自己就是做大事的料，认为自己就只应该做大事。接着，我们开始等待做大事的机遇来临，只是这一等，便不知等待了多少个春秋。慢慢地我们发现，身边的一切貌似都在改变，曾经的同事如今变成了上司，曾经的穷小子如今已然事业有成……而不变的只有我们自己的心性，我们依然在高傲地等待着，只是不知，还要等待多少个年头……这，便是我们"命比纸薄"的根结所在！

如果说我们想改变这种状态，那就只有一剂良药可用——脚踏实地。

一位哲人曾经说过："好高骛远会导致人生大败，脚踏实地则更容易成就未来。"很多时候我们都错误地将"好高骛远"当成是"目标远大",其实不然。诚然,它们都是对人生的一种向往和憧憬,而二者的区别就在于,能否脚踏实地地为目标的实现付出足够的努力。我们蹒跚学步时都有这样的体会,当我们走不稳时若想去跑,那必然会摔跟头。其实在人生路上行走也是如此,我们只有踏踏实实地经营好每一个环节,才能保证人生大厦不会倾覆。路标永远指向前方,但是前进的道路却在我们脚下,只有实实在在地走好每一步,才能够走得更稳、更远。

事实上,小至个人,大到一个公司、企业,它们的成功发展,都是来源于平凡的积累。因此,请不要看轻任何一件所谓的小事,因为没有人可以一步登天。当我们认真对待并做好每一件事时,我们会发现自己的人生之路越来越宽,成功的机遇也会接踵而至。

人,如果能一心一意做事,世间就没有做不好的事。这里所讲的事,有大事,也有小事,所谓大事与小事,只是相对而言。很多时候,小事不一定就真的小,大事不一定就真的大,大事小事可能很有关联,小事积成大事。关键在做事者的认识能力。我们一心想做大事,常常对小事嗤之以鼻,不屑一顾,可是如果连小事都做不好,那么还妄谈什么成功?

先哲们常说"勿以善小而不为,勿以恶小而为之"。这是因为先哲们明白,"小事正可于细微处见精神。有做小事的精神,就能产生做大事的气魄。"所以不要小看做小事,不要讨厌做小事。只要有益于工作,有益于事业,我们就能用小事堆砌起事业的大厦,堆砌起人生的长城。

其实许多小事并不小,那种认为小事可以被忽略、置之不理的想法,只会令我们错失很多机遇。

不是怀才不遇，而是你未能尽力

很多人总喜欢抱怨上天不公，抱怨自己怀才不遇，未能人尽其才，甚至因此不思进取、自暴自弃，最终沦为时代的淘汰品。俗话说得好，"三百六十行，行行出状元"，为什么一块普通铁块，在某些铁匠手中能够成为将军手中的利刃，而在另一些铁匠手中，只能成为农夫手中的锄犁？答案很简单，前者精于本业，不断锤炼自己的专业技能，后者不思进取，只求草草谋生。

戴尔·卡耐基曾经说过："与其抱怨别人不重视我们，不如反省自己，不断提高自己的能力。"倘若我们能够在自己所处的领域中，以饱满的热情、以一丝不苟的态度、以不断进取的精神，去对待看似枯燥乏味的事业，相信你就一定能够实现自己的人生价值，一定能够获得荣耀与肯定。

多年以前，一位大学生被派往新斯科舍省进行勘测。这片土地非常贫瘠，到处是花岗岩和鹅卵石，进行工作时只能完全依靠徒步行走。这里几乎没有肥沃的土地和珍贵的木材，乍看上去，它根本不值得人们如此艰辛地加以勘探，因为似乎没有什么发展前景可言。很显然，这位青年面临着一系列考验，但他始终秉持原则，尽最大的努力去从事这项工作。

即使在10年以前，调查所涉及的1550平方英里的范围内，也不过居住了 26 个人而已。此后不久，人们在这里发现了黄金，这个重要矿脉线索使人们认识到，要想成功地找到黄金，需要调查人员做出精确的勘测。后来，专家们在青年人已经取得的成果上继续勘探，他们不断、反复地试验，以确定黄金矿脉的准确位置。在他们非常细心地完成这份工作以后，政府最优秀的勘测员宣布——我们已经没有必要再进行这项工作了，因为那位青年人在这一方面所做出的每一个结论，都达到了最高水平。

你想了解这位年轻大学生细心调查完"新斯科舍"后的人生经历吗？他就是威廉·道森，如今蒙特利尔市麦克吉尔大学的教授。因为精心于自己的工作，他的人生取得了极大成功。

要完成某项工作，需要的是技术；而要努力使它变得完美，则是一门艺术。

美国著名成功学大师詹姆斯·克拉克曾这样说："下面谈到的，是培养人类想象力的方法。首先，要学会欣赏天空、大地和海洋的美，学会欣赏精神与肉体的美，学会欣赏生活和行为的美，学会欣赏社会和艺术的美，所有这些美都源于上帝。我们也要学会创造美。我们要在生活中的各个方面去追求完美，要坚持不懈地学会更周密地思考，更严谨地表达，更真实地生活，出色地完成一切。"

有一句名言："要想做好，就要做到善始善终。"要完成一项有价值的工作，就得花很长的时间，付出很大的努力。只有对工作用心负责，才能在某个领域成为专家。不管是对于老板，还是对于普通职员来说，都应该忠于职守，高效地完成本职工作，尽自己的最大努力把它做好。

一个人若是马马虎虎、三心二意地面对人生，那么他就会被人生所抛弃。社会要求我们把事情做得更好。当更有才华的人出现之后，那些懒散、敷衍了事、心不在焉的人，就只能被淘汰。尽力而为，这是世界对我们的期望，这是社会对我们的要求，这是我们对自身的忠诚。

无论处于何种境地，无论我们所从事的事业是多么琐碎，一旦承担下来，就要把它做精、做好，这是生存的准则。要知道，只有在小事上细心勤勉的人，才能被委以重任。只有竭尽全力投身于工作之中，不断超越、完善自身能力的人，才能够有所成就，才能够进一步发展和提升自己。

人的力量和才能，只有在不断地运用中才能得到发展。如果你只付出了一半的努力，并就此满足，那么你就浪费了另一半才能。如果你认为自己完全可以从事更重要的工作，而现阶段，你的工作又微不足道，那么你完全不必为此感到伤心和烦躁。你要知道，如果你具备非凡的才能和卓越的品质，不管你的工作多么卑微，终有一天会出人头地。

认真地、勤勉地完成自己的本职工作，不断在工作上有所突破，机遇必然会随之降临。相反，如果你在工作时，缺乏基本的责任心和进取态度，那么你注定永远是个失败者。请务必记住：业精人乃强！

你有没有妄自尊大

很多人看不清自己的分量，所以活得不够真实，总以为这世上"唯我独尊"。活着，我们是主角也是配角，人与人之间根本就不存在谁对谁的不可或缺，这个世界缺了谁都会照样精彩，这个地球没了谁也不会停止转动！不管我们的事业多么成功，不管我们把事务处理得多么井井有条、妥妥帖帖，都不要过高地估量自己。不管未来会经历什么，我们还是要怀着一颗谦卑的心，如果你一味地相信自己的强大，那么总有一天你会在自我陶醉中体味到跌落谷底的痛苦。

当然，这不是说我们在这个世界上就没有价值了，只是给大家提个醒，当你看到天空辽阔的时候，就想想自己的渺小；当你站在川流不息的人群中时，就想想自己的平凡。是的，即便再强大，我们也不过是浩瀚宇宙中的一粒微尘，普通得不能再普通，所以，平平淡淡地生活、开开心心地过日子，才是我们应该追求的人生。我们没有必要一定要把谁压下去，更没有必要端出一副"没有我不行"的架势。面对人生，谦卑是福，只有懂得谦卑的人，才能在这个世界上不断前进，不断地寻找到属于自己的人生价值。因为我们的思想显然不可能时时正确，有些时候过分自信就是一种自负，它总会把我们引向偏离正确轨道的另一个方向。

所以无论如何，我们都要收敛起那份唯我独尊的霸气，以谦卑、真诚之心去经营生活。不管现在你有多么大的成就，要知道，那也不过是过眼烟云而已，当我们在这条道路上走得越来越淡定，越来越从容，就一定会收获到人生的那份释然。

相反，如果我们凡事都逞强好胜，以自我为中心，那是很难受到欢迎的。古往今来、古今中外，姿态高的"强人"不少，他们当时或许觉得自己很霸气，但结果往往是由于缺少人情味而让人们敬而远之。

有一位官员性格火暴，在多种交际场合，常有惊世骇俗之举。有一次，他出席一场新闻发布会时，一名记者问了他一个关于腐败的问题，这位官员感觉自己的权威受到了挑战，立即上前喝问记者的名字并与之争吵起来，甚至动粗口，辱骂记者"流氓""不知羞耻"，并指使工作人员把记者赶了出去，大有"老子天下第一"的架势。这一幕被媒体报道后，不少选民对官员颇为失望，他们批评说："身为政府要员，如此唯我独尊，粗暴对待一名记者，太有失风范了！"此后不久的一份民意调查显示，该官员的支持率跌到了历史最低点。

无论你的地位有多高，无论你的权势有多大，但从人权的角度上说，大家都是平等的。这位官员位高权重，他理所当然应该知道这一点，但骄横惯了的他并不理会这些，竟然肆无忌惮地当众"争吵""动粗"，在公开场合以权势压人，或许他认为自己在这场风波中占了上风，但事实上，这种唯我独尊的意识却使他失掉了民心，他的支持率由此跌到历史最低点。由此可见，唯我独尊不是顶天立地的霸气，反而恰恰是自以为是的傻气，这种态度真的让人感觉很没有修养、没有内涵，这样的人往往会失去大家的支持与喜爱，让自己陷入难堪境地。

我们应该从这个故事中汲取教训，应明白"人外有人，天外有天"的道理。是的，此一时你可能风光无限，但在人生的博弈场上谁也不可能一直是常胜将军，所以不要以胜者自居，不要以为别人不如你，因为除了你自己，没有人会把你看得那样重，你越是目中无人，别人反而把你看得越轻。

所以奉劝各位朋友，不要再自以为高明，不要再目中无人，如此自大，只会让我们遭遇交际的"滑铁卢"。当今时代的竞争就是性格的竞争，具有唯我独尊性格的人即使才华满腹，如不知克服性格缺点的话，也很难成功。我们只有坚定地采取谦卑的态度去经营自己的生活，经营自己的人生，才能搬开前进道路上由自己设置的那颗过于"自我"的绊脚石，才能更和谐地和大家相处在一起，才能真正拥有属于自己的那份从容和幸福。

虚无的架子摆给谁看

谁想凌驾于他人之上，他人就会将其踩在脚下，摆架子的人不能自知，将自己抬到一个虚幻的位置上，他自以为站得很高，但事实却会让他摔得很重。

我们得认清这样一个事实，在与人交往的过程中，大家都喜欢那些谦虚稳重、随和友善的人，如果说一个人架子太大，处处自命不凡，人们多是不愿与其接触的。因为在社交关系中，大家都是平等的地位，谁也没有必要、更不愿意做谁的配角，谁也不想抬高别人去贬低自己。所以说，一个人若是太爱摆架子，是不可能获得真正的友谊的。

令人感到遗憾的是，爱摆架子的人在现实生活中却并不少见，至于你是不是这种人，那要问你自己。你可以对自己进行一番剖析，看看你的所作所为、一言一行之中有没有骄矜之气。你可以问问自己：我是不是比别人都了不起？我是不是在人前有炫耀的资历？如果答案是肯定的，那么你应该有所注意，因为你已经有了自大的苗头，形成了自以为是的心理。

我们之所以会这样，还是我们太过虚荣，总想着让别人觉得我们很有身份，很有学问，也很有能力。这种高高在上的姿态令我们产生一种成就感，我们陶醉其中，却不知它会令别人感到很不舒服。尤其是在初次见面之时，面对一个"陌生人"，我们若是过分地抬高自己，定然会让对方备受压抑，结果可想而知，人家一定会对你敬而远之，于是，要想进行更深一步的交流，是很困难的。

所以奉劝有此毛病的朋友，要想在人际交往中左右逢源，首先就要懂得放下自己的架子，用谦卑的心去接近对方，感动对方。即便自己真的很优秀，也要表现出谦逊的姿态，只有这样，交谈的氛围才会更加和谐，我们也更容易靠近对方的心灵。毕竟，在这个世界上，没有任何一个人喜欢跟自视清高、自以为是的人打交道。

有这样一件事情，讲的就是这个道理：

有一位先生，早晨路过报摊想买一份报纸，不过他没有零钱。他是这样做的，他拿起一份报纸，扔下一张10元钞票傲慢地说:"找钱罢!"卖报的老人听后很生气,回答说:"我可没工夫给你找钱。"于是又从他手中拿回了报纸。这时,又有一位顾客来买报,他也没有零钱,不过他却谦逊多了,他和颜悦色地走到报摊前,对老人笑着说:"你好,朋友!你看,我碰到了一个难题,能不能帮帮我?我现在没有零钱,可我真想买你的报纸,怎么办呢?"

老人笑了,拿过刚才那份报纸塞到他手里:"拿去吧,什么时候有了零钱再给我。"

大家想想,同样的情况,为什么第一位顾客遭了冷遇,而第二位顾客就可以拿到报纸?答案很简单,因为后者付出了一份尊重,尽管他没付1分钱,但却打动了人心,要知道,人与人之间的关系可不是用金钱来衡量的。按理说,第一位顾客也是愿意付钱的,但是他却没有意识到这一点,他的态度十分骄横,这会刺伤老人的自尊心,所以老人不愿卖报给他。

买一份报纸,在很多人眼里都是微不足道的事情,但就是这样的一件小事,要做好它,你也要懂得一定的做人道理,这是社交的艺术,我们不论有多么优秀,都没有必要一味地摆出一副高傲的架子,放下它,也许你将会得到更多。

朋友宋忠友不久前去参加一个非专业性会议,到会六十多人,没人认识他这个处级干部,也没人理他。他自己由于当了几年官,已经养成了让别人找自己搭话、围着自己转的习惯,当然不会主动去找别人聊天。结果游玩时,别人成群结队,有说有笑,玩得很开心,而他却独自一人,玩得很乏味。宋忠友这时候才想到,自己真的很少找别人聊天,天天又板着一副面孔,别人当然不会与自己结交。意识到这一点后,他就主动找别人聊,会议结束时也交了几位朋友。

　　人与人之间的交往就是这样，你越是摆架子，越是挖空心思地想得到别人的崇拜，偏偏就越不能得到它。我们能否获得别人的崇拜，取决于值不值得别人尊重、有无虚怀若谷的胸襟，而不是我们的架子有多大。

　　这一点身处高位的朋友尤应注意，诚然，在那个位置上，你应该具有一定的威严，但不要摆架子、扮"黑脸"、"翘尾巴"。敬告那些走入迷途的朋友，不要再以为摆架子能够为你赢得更多的尊重，相反，它很可能把你打造成一个可怜兮兮的"孤家寡人"。要想在社交这条路上走得更顺利，我们一定要学会做一个有亲和力的人。那么，就请放下你那摆了很久的架子吧！当你真正放低姿态去面对身边的每一个人时，你一定会收获更多的友谊与微笑。

　　其实，真正有骨气的人并不看重自己手中的权力和财富，也不看重那些虚无缥缈的名利，而是用这些权力和财富去为更多的人造福，为更多的人提供便利。一个只会靠端架子、摆威风树立自己威信的人，只会越活越辛苦，越活越没有意思。

知长知短，避短扬长

　　人生成功策略万变不离其宗，其实只有两个基本点：其一，正视自己，扬长避短；其二，正视对手，以长击短。

三、脚踏实地，要做最好的自己

曾听过这样一个故事，很有趣，也很有寓意：

说是有一只狐狸，总是百般掩饰自己的短处。它想抓野鸭，但野鸭飞走了，它说："我看它太瘦，等以后养肥了再说。"它到河边捉鱼，被鲤鱼扫了一尾巴，它说："我根本不想捉它，捉它还不容易？我只是想利用它的尾巴来洗洗脸。"话没说完，它脚下一滑，掉进了河里，同伴见状打算救它，它说："你们以为我遇到危险了吗？不，我是在游泳……"说着说着，它便沉了下去。这时同伴们说："走吧，它又在表演潜水了。"

大家或许觉得这只狐狸很可笑又很可悲，但我们有没有发现，其实它和我们之中的一些人颇为相似。我们有时也是这样自欺欺人，生活在自己构造的"完美"世界之中，认为自己的缺点见不得光，不敢去面对，于是极力掩饰。

其实，这个世界上没有人是一无是处的，更没有人会十全十美。尺有所短，寸有所长，人有缺点，也必有优点。很多人自卑，觉得自己这也不好、那也不好，什么都不如别人，恰恰是因为他们在看自己时，眼中就只有缺陷，那么拿自己的缺陷去比较别人的长处，当然相形见绌；又有一些人很自负，觉得自己简直无可挑剔，就是因为他们只看到自己的优点，而看别人时又只看缺点，于是便开始飘飘然不知所以；还有一些人便如故事中的狐狸一样，明知自己有短板，却不肯承认，到头来还不是欲盖弥彰？这种人很虚荣，也很累。

显而易见，上述种种意识形态都是极不可取的。在人生这条路上，如果说我们还想有几分作为，那么就一定要做到自知、自信，这样才能对自己的人生做出准确的定位。

能自知，我们才能在遇事之时量己之长短，不自以为是、亦不妄自菲薄，扬己之所长、避己之所短，趋利而避害，则事有所成。于是，自信油然而生。

想当年，毛遂先生能够一荐成名，靠的不就是这份自信吗？但事实上，毛遂先生的自知则更令人钦佩。

"毛遂自荐"的故事相信大家早已耳熟能详，这里就不多做赘述。那么大家想想，为什么毛遂在以"善识人"著称的平原君门下三年而籍籍无名？为何使楚之事一出，毛遂便不再低调、脱颖而出？

很显然，毛先生对于自己的特点了然于心，想必他也知道自己不是"韬略之臣"，因而不该表现的时候便不张扬，于是毛先生被"埋没"了。不过，当能够一展所长的机会来临之际，毛先生不再沉默，他知道自己在言辞谈判方面有过人之处，知道自己是个外交人才。而正是这种自知使得他在平原君轻视的态度面前不卑不亢，最终脱颖而出。

在毛遂凭借一番慷慨陈词解了赵国邯郸之围的第二年，燕国趁赵国大战方停、喘气不赢之机，派遣大将栗腹攻打赵国。由谁挂帅出征以御强敌？赵王这一次又想起了敢于自荐的毛遂，于是准备提拔他为帅，统兵御燕。毛遂先生听到这个消息以后，大吃一惊，连忙跑到赵王面前，不过这一次他不是去推荐的，而是去"推辞"自己。他是这样说的："不是我毛遂怕死，实在是我德薄能低，不堪此任，我可披坚当马前卒，不能挂袍任率印官，如是，则上可保国之江山社稷，中可保您知人之明，下可保我毛遂不为国家罪人。"当年自荐，意气风发！此时力辞，一个毛遂，判若两人，简直让人难以置信。赵王对此很是不解，问道："先生去年自荐，才情高迈，真伟丈夫；如今脱颖而出，正是建功立业之时，怎么忸怩如小女子？"毛遂回答："寸有所长，尺有所短，骐骥一日千里，捕捉老鼠不如蛇猫。逞三寸之舌我当仁不让，仗三尺之剑实非我能，岂敢以家国安危来试验我之不才之处。"按说，毛遂这番话说得入情入理，但赵王为了显示自己求贤若渴，根本听不进去，硬是要他挂帅迎敌。正如毛遂先生所言，他只是个外交人才，而非统率千军的将才，昌都一战赵军被燕军杀得片甲不留，毛遂先生面对一败涂地的惨状，羞愤万分，自刎身亡。

能知己长短，扬长而避短，毛遂先生的高明显然不仅仅在口舌之上，只是赵王太过刚愎自用，令毛先生及数万楚兵枉死昌都，这个教训倒是很值得做管理者的朋友引以为戒，其实我们若能在自知的基础上再知人善任，那便更高明了。

言归正传，还是那句话，扬长避短，最关键的就是认清自己的优势与缺陷，把精力与汗水抛洒在对的地方。如果是一只兔子，那就应该去赛跑而不是去游泳；如果是一只百灵鸟，那就应该去歌唱而不是去搏击长空。如果说我们体魄强健、天赋异禀，但在成为艺人的道路上屡屡碰壁，那么不妨停下脚步审视一下自己，看看自己更适合演艺场还是运动场。其实，只要我们能够找准自己的角色定位，发挥自己的优势以弥补本身的缺陷，那么我们就能成为那个领域的强者。

我们常会羡慕生活中的那些成功者，甚至会认为他们是那样完美。其实成功者与我们一样，也存在着缺点。成功者之所以成功，就在于他们懂得扬长避短，能够充分利用现有优势，规避生活风险，规划好人生方向，一步一个脚印地朝着既定的人生目标迈进。

其实你我都可以是成功者，只要我们对现状做出一些改变：第一，正视我们的缺陷，但不要让缺陷成为你的困惑，不要让它影响你的成功；第二，定位好自己的人生角色，挖掘并发挥自己的特长，扬长避短，形成优势。

在此基础上，倘若我们再能做到知己知彼，面对对手，以长击短，那么人生又会是怎样一番景象？这就好比田忌赛马一样，以我们的上等马对他们的中等马，以我们的中等马对他们的下等马，那么人生岂不是稳操胜局？

所以说，我们根本不必为自己的缺陷耿耿于怀，更不可因自己的优势扬扬得意。人生就在于好好把握，把握自己的劣势，尽量去弥补它；把握自己的优势，让它继续"发扬光大"。或许我们的优势不够强悍，但总有胜过对手的地方，只要我们善于利用，它就会成为我们成功的利器。

勿自大，要有空杯心态

曾经我们以为自己长大了，什么都懂，什么都明白，所以不知从什么时候就开始了自以为是的生活，老人的话听不进去，上司的教诲只当是耳旁风，就连面对朋友的劝告也是一脸的不耐烦。栽了跟头，吃了亏以后才明白自己什么都不是，还有很多的事情不明白。现在，我们真的应该慢慢谦卑起来了，因为只有先

三、脚踏实地，要做最好的自己

倒掉自己杯子里的水，我们才能得到更多、更新、更有用的东西。

有这样一个故事，颇有寓意，大家来看一下：

有一个国画造诣很深的年轻人，听说某地住着一位颇有资历的国画大师，便去拜访。大师的助理接待他时，他态度傲慢，心想：我是将来的大画家，你又算老几？后来大师十分周到地接待了他，并为他沏茶。可在倒水时，明明杯子已经满了，大师还不停地倒。他不解地问："大师，为什么杯子已经满了，还要往里倒水？"大师说："是啊，既然已满了，干吗还要倒呢？"

这位大师的意思是，既然你已经很有学问了，干吗还要到我这里求教？这个故事所说的就是"空杯心态"。它最直接的含义就是——一个装满水的杯子很难接纳新东西，要将心里的"杯子"倒空，将自己所重视、在乎的东西以及曾经辉煌的过去，从心态上彻底了结清空，只有将心"倒空"了，才有胸怀接受新的东西，才能拥有更大的成功。这是每一个想有所发展的人所必须拥有的最重要的心态。

如今的我们，说大不大，说小也不小，经过了几年社会的磨砺，也许因为自大犯过不少错误，当自己跌跌撞撞地走到了现在，无论是已经成功，还是仍然在为成功而努力，多少都会在心中有些感慨。曾经的我们觉得自己什么都明白，但真的去做事的时候却发现自己什么都不明白，正当我们双手空空地抱怨难道这就是人生的时候，突然明白了一件事情，那就是我们没有把自己思想里的那杯水倒干净，正是因为这个原因，新兴的知识和正确的意识总是倒不进自己的"杯子"，也就不能形成正确的思想和经验保存在我们的心里。这对于我们的人生而言，无疑是一个暗藏的险地。

下面这个故事是一个真实的教训：

爱迪生是人类历史上最伟大的发明家之一。他仅受过3个月的正式教育，一生却取得了1000多项专利。爱迪生的成就是有目共睹的。然而，如此伟大的爱迪生，也曾在他的生命旅途中出现过"败走麦城"的一刻，这是为什么呢？

在白炽灯彻底获得市场的认可后，爱迪生的电气公司开始建立电力网，输送直流电，由此开启了人类史上的电力时代。

当时，交流电技术开始崭露头角。发展交流电技术的威斯汀豪斯公司，想通过这项技术与爱迪生合作，受限于自大的心态和自己在直流电方面的投资利益，爱迪生不愿意承认交流电的价值。

威斯汀豪斯公司的提议，被爱迪生拒绝。为了守住自己在直流电方面取得的成就，爱迪生固执地站在交流电的对立面，以自己的影响力宣讲"交流电不如直流电"。自谋出路的威斯汀豪斯公司一度被爱迪生电气公司压得抬不起头。然而，谁也无法逆转社会的发展规律，交流电这个新生事物终以锐不可当之势浮出水面，赢得了世人的认可。在铁的事实面前，那些曾经崇拜、迷信爱迪生的人们惊讶地发现：爱迪生做错了！交流电的确比直流电好得多。

爱迪生电气公司的员工和股东们以此为鉴，他们一致决定将公司名字中的"爱迪生"三个字去掉。在后来的发展中，这家电气公司逐渐演变为今天的国际顶级企业之一的通用电气公司。

爱迪生辉煌了大半生，却在直流电和交流电这个问题上栽了个大跟头。爱迪生之所以会犯下这样一个错误，与他不能让自己保持"空杯心态"密切相关。由此可见，工作上不能有一点成就就沾沾自喜，因为今天的成就不能代表明天，明天也不能代表后天。我们每天工作时都应该重新开始于新的起点上，因为起点才能让我们更渴望到达终点，才能让我们满怀信心。从零开始，把一切成就都抛到脑后，取得更多的辉煌。

当我们拥有一个"空杯子"的时候，心态会是什么样的呢？也许我们感到不公，成功的道路是那样遥远，起步是那样艰难，每走一步都可能摔跟头，慢慢地，我们积累了一些知识，而杯中的"水"也慢慢变多，从一个见底的杯子，到最后成为一个满杯子。

林语堂大师曾经说过这样一句话："人生在世，幼时认为什么都不懂，大学时以为什么都懂，毕业后才知道什么都不懂，中年又以为什么都懂，到晚年才觉悟一切都不懂。"空杯心态就是随时对自己拥有的知识和能力进行重整，就是永远不自满，永远在学习，永远保持身心的活力。拥有空杯心态的人就像一个攀登者，攀越的过程，最让人沉醉。因为这个过程，充满了新奇和挑战，下一座山峰，才是最有魅力的。正是这种空杯心态，让很多人的人生渐入佳境。

其实，这个世界上有很多东西值得学习，即便你很有才华，在自己工作的领域也有很高的造诣，也要明白"天外有天，人外有人"的道理。要想不被这个时代淘汰，要想得到更多的知识，就不要总是顽固地坚守着自己"杯子里的水"而不愿意倒出来。这个世界上聪明的人，往往都是那些虚心求教的人，只有"倒空"自己，才能将新的知识容纳进来，只有把自己"杯中的水"倒出来，才能给新的知识留出一个存放的位置。

不懂装懂，便是自欺欺人

在这里先给大家讲一个笑话吧。

有人提问："你怎样评价莎士比亚？"

甲说："还可以，只是口感不如'XO'。"

乙反驳道："喂！你不要不懂装懂！莎士比亚是一种甜品，怎么被你说成酒了？"

莎翁，何许人也！竟被拿来与酒食相提并论，可怜他一代文坛泰斗，若是闻听此言，恐怕真的要从坟墓中跳出来了。这个笑话真是令人啼笑皆非，虽寥寥数语，但满含哲理，它告诫我们：知道就是知道，不知道就是不知道，不要不懂装懂。

是的，大道理我们都懂，说起来也是一套接着一套，但事实上，我们之中仍有很多人就像上面的那二位一样，不懂装懂。为什么会这样？为什么我们那么怕暴露自己的"无知"？这不难解释，说白了还是我们的虚荣心在作祟。其实我们都会这样，在别人面前，尤其是自己在意的人面前，如果表现得懵懵懂懂，心里就会产生一种"不如人"的羞愧感与压迫感，这很正常。关键问题是，我们能不能把这种心态控制好，让它合理化。换言之，我们能不能客观地对待自己身上的缺点，知耻而后勇，让"不知"成为"尽知"？

遗憾的是，很多人做不到。于是，我们在"死不认输"或"输阵不输人"的好胜心理的怂恿下，开始一知半解地侃侃而谈，到处装腔作势、不懂装懂，为的无非就是保全自己所谓的面子。另有一些人，表现得更为极致，他们原本肚中就没装多少货，但就是爱摆样子，甚至连单纯的事情都要咬文嚼字地卖弄一番，乍一看似乎对大道理很是精通、什么都懂，说穿了只是欲盖弥彰。由此，我们可以做出这样一个推论——往往越是急于表现自己、越爱装腔作势的人，越是一知半解。这样的人真应该好好想想：我们欺骗的到底是谁？

　　毫无疑问，我们不可能尽知天下事，人与人之间应该取长补短，别人身上有胜于自己的地方，就应该虚心向人家学习，即使是自己专精的事情，也应该以谦逊的态度来展现实力，这样才能得到别人的认可。而不懂装懂就像给自己的不足之处盖上了一块遮羞布，施了一个障眼法，暂时挡住了别人的视线，这或许能让我们一时躲过难堪。殊不知，待到真相大白的那一天，我们终究还是要为自己的无知付出代价的。

　　有位朋友，是位玩收藏的"发烧友"，前几日风和日丽，他便去了潘家园"淘宝"。

　　走着走着，他在地摊上发现一件长约6厘米的小玉件，于是掏出随身携带的放大镜仔细端详。这东西呈青白颜色，长形圆身，一头大一头小，乍看像一截竹棍，大的一头雕刻着怪兽图案，做工也较精细，确系"和阗"老货，但究竟是干什么用的，他弄不清楚，当然也叫不出名字来。

　　他开始向摊主问价，答曰："100"，这可是捡了一个"大漏"啊！他二话没说，掏钱成交。

这究竟是做什么用的？他也不清楚，但玉确实是好玉。"大概是古人用来迎福消灾、避邪驱妖的装饰品吧。"他猜测道。随后兴致勃勃地去附近商场买来一根红绳，系住这件玉器，端端正正地挂在胸前，一路上引来不少惊诧的目光。他很得意，以为别人都在羡慕他淘到了宝。

几天以后，一位藏友约他去观赏一只翡翠玉镯，谁知对方一见到他立刻捧腹大笑。他有些懵了，忙问缘由，对方拿出一本介绍古玉器的书，翻到某一页，上面图文并茂地介绍了那件竹棍式的小玉器，只不过上面雕刻的怪兽图案略有不同罢了。原来，那玉器是昔日有钱有势之人下葬时塞肛门用的，名字叫作"肛塞"。这位朋友顿感无地自容，恨不得找个地缝钻进去。

一个人读不尽天下的书，参不尽天下的理。正如古人所说："宁可懵懂而聪明，不可聪明而懵懂。"如若不懂装懂，就像文中这位朋友那样，拿死人的"肛塞"挂在胸前炫耀，岂不是贻笑大方？

我们在日常的工作和生活之中，其实难免遇到自己不甚了解的问题，这怪不得我们，毕竟没有人可以通天晓地，无所不知，当然，这也不是什么丢脸的事情。但如果说，你死要面子，甚至为了附庸风雅、望文生义、妄自穿凿、牵强附会，强不知以为知，见到骆驼说是马肿背，那可就真要丢脸了。

知道就是知道，不知道就是不知道，这才是我们求知、做人所该持有的明智态度。

求知，最忌讳的就是自欺欺人，不懂装懂。如果只是为了读书获得知识，这种"自欺欺人"还只不过是害己而已。但如果我们是领导者，那就不仅是害己的问题了，可谓是"小则害己害人,大则毁掉团队"。不得不慎呀!

处世做人,更不得不懂装懂。如果说在求知的问题上偶尔装装明白,或许还问题不大,只要以后用心补上这一课也未尝不可。但是处世做人却大意不得,因为我们的不懂装懂,完全有可能造成无法弥补的结果。譬如行军打仗,你若是纸上谈兵、不懂装懂,后果会怎样?看看马谡、看看功败垂成的西蜀大业,我们是不是该有所警醒?

有时,我们或许会存有一种侥幸心理,认为自己的"无知"在极力掩饰之下不会被人拆穿。确实,一个人若是善于伪装,不懂也能装出几分懂的模样,的确可以在一时之间蒙混过关,甚至可能受到不知情人的追捧,甚至被说成是"专家",而他自己也陶醉其中、扬扬自得。但是,一个人是不是可以一生都生活在自己编造的谎言之中?纸终究包不住火,谎言总会被揭穿。更何况,装腔作势地做人,无日不担心自己的谎言被人揭穿,整日提心吊胆,又怎是一个累字了得?

说到底,不懂装懂其实就是自欺欺人,更是一个人在求知过程中对待缺点和不足的一种遮掩。它不仅无用,反而有害。汉代鸿儒董仲舒曾写道:"君子不隐其短,不知则问,不能则学。"所谓"不隐其短"就是要敢于承认自己的不足,敢于剖析自己。"不知则问"就是让自己少几分羞涩与虚伪,多几分坦诚与谦虚。"不能则学"就是要学习自己原来不明白的东西,弥补缺陷,不断充实自己,成为一个有真才实学的人。在如今这个高度复杂的信息时代,我们没有能力便寸步难行,我们要不断学习,但如果你不以虚心的态度与人交往,虚张声势,欲盖弥彰,则必然不会受到大家的欢迎,这样的人在社会中永远都是最受排斥的一类。

更严重的是，它会使我们的人生停滞不前，毁掉一切有可能成就我们的机会，使人们失去对你的兴趣和信任。

常自省，别让自己偏离正轨

　　我们都有过错，这是很自然的事情。古人说："人非圣贤，孰能无过？"这句话其实是经不起推敲的。圣贤难道就没错吗？肯定不是，圣贤者诸如孔夫子，不是也曾"以言取人，失之宰予；以貌取人，失之子羽"吗？事实上，纵然是君子圣贤亦难免会有过错。而问题的关键就在于，我们如何去对待自身的过错。

　　一般来说，我们犯错以后通常会作出以下两种反应：一是死不认错，推卸责任，极力为自己辩白；二是坦诚认错，该承担什么责任就承担什么责任。至于哪种行为更好？我们心知肚明。但遗憾的是，我们看到的更多是前者。

　　我们简单分析一下。假如说你犯的是一个大错，那么知道的人一定很多，你怎么瞒？你如何辩？事实就摆在那里，一查即知，你越是推卸责任，反而越让人觉得你没有担当，你越是狡辩，越让人觉得是"此地无银三百两"，你很难推卸责任不说，反倒会让越来越多的人看不起你，一举两失，聪明的人会不会这样做？

　　如果说你犯的只是一个小错，那还有没有必要百般推卸？就像一个笑话中说的那样——"屁大个事你都担不起，你还能担起什么？"说到底，承担下来的后果无非是一个小惩罚，或者根本连惩罚都谈不上，若是因此葬送了别人对你的信任，你说值不值得？

　　进一步说，我们姑且不论犯错所需承担的责任，单就说"死不认账"对于自身形象的强大破坏性，就是我们所不堪承受的，因为不管你口才有多好，又多么机变，你逃避错误换来的必然是"敢做不敢当"之类的评语。这样一来，我们很可能失去人生中很重要的东西——人缘，在这个社会上，没有人缘你还想有什么作为？

　　再进一步，如果逃避错误成为你的一种习惯，那么你也就永远丧失了面对错误、解决问题和培养解决问题能力的机会。所以说，不认错的弊端是极大的！

　　但为什么我们之中的一些人，平时看着挺聪明的，却总会犯一些低级的错误呢？还是"自我"在作祟！是自我意识诱导我们极力去掩盖自己的错误，甚至将错的也看成是对的，这就是不能自见其过。正因如此，很多时候我们明知自己错了，却甘于自弃，或只在口头上认错，而不能内省自讼；还有些时候，我们自知有错也能自责，却就是下不了决心去改正。无怪乎孔圣人感叹道："算了吧！我没有看见过一个能看到自己的过错，而又能在内心责备自己的人！"孔子的话很简单，含义却很深刻。就算圣贤，也会有过，但是知过很难，知过而反躬自责就更难。知过能改，非大智大勇者是不能做到的。

　　但你不能说，这件事难做，你便不去做，或者说有人做不到，你也随大流。人活着，如果说你不想活得太麻木、太庸碌，那总是要有点觉悟的。这觉悟中自然少不了对自身错误的认知、忏悔和自省。因为我们行走的人世太浮华、太复杂，我们原本纯正的天性一不小心就会被尘嚣所魅惑，导致我们在错误的沼泽中越陷越深。而忏悔和自省的好处就在于，它恰恰可以使我们明得失、衡利弊、知进退。说句不中听的话，那些人生平庸乃至困顿的朋友之所以过得如此糟糕，往往就是因为不自知己过、缺乏悔过和自省精神。

生活是纷扰烦琐的，有心无心之间，我们不知做错了多少事，说错了多少话，动过多少邪念，只是很多时候我们真的没有觉察。但正所谓"不怕无明起，只怕觉照迟"，这种从内心觉照反省的功夫就是悔过。在佛家看来，人若没有了悔过之心，便已是病入膏肓、无药可医，但若心生忏悔，纵然曾经十恶不赦，也可以洗去罪过。

而以我们的角度来看，悔过就是重新认识和评价自我、重新更迭和安顿自我的一种非常重要的途径。悔过的意思是"承认错误"，但是仅仅承认还不够，我们还要为自己的过错负起责任，准备接受这个错误所带来的一切后果，这才是悔过的意义。

人若思悔过，最关键的是要懂得自省。孔子说："吾日三省吾身。"苏格拉底也说："没有经过审视和内省的生活不值得过。"假如我们能像这两位圣贤一样，随时随地地反省自己，那么我们就能不断完善自己。

自省，说得通俗一点就是自责以后的惊醒，这是一种认识到错误以后的明白，更是一种经过思考后的觉悟，是悔过在行动上的延伸。如果说你不懂得自省，那么过去做错的事，你直到今日还不知其正误；现在犯错之时，你处于悬崖边缘而不知勒马。

自省亦是自知。我们要想获取前进的不竭动力，就必须不断反思自己。无论是谁，都要在做完事情之后，好好反省自己，只有这样，我们才能把事情做到更好。假如你不能及时反省自己的错误，那便只会错上加错，走上一条失败的不归路。

四、打开心扉，将烦恼尽量抹去

生活中，烦恼总是不期而遇，我们常常觉得快乐成了可遇而不可求的事，幸福离我们的期待又是那么的远。其实，这些烦恼不过是自设的心魔，没有什么事情过不去，只不过我们将自己放置在了凭空想象出来的痛苦之中，因而使人生丧失了快乐的本色。要想恢复生命的本色，要想做一个快乐真实的自己，那么就一定要解开束缚我们心灵的枷锁。

失去，是不是非要痛不欲生

有人说："来是偶然的，走是必然的。所以你必须随缘不变，不变随缘。"此话说得颇有道理，又言简意赅，通俗易懂。只不过，扪心自问，我们可不可以做到如此洒脱？很无奈，多数情况下，我们做不到。

我们有时不免要抱怨生活，因为生活时常给予我们一种痛苦——那些被我们视为极美、极珍贵的东西，它轻轻地来，又轻轻地走开，打乱了心绪，徒留一片唏嘘。这种遗憾和无奈，你我都曾领教过。

当然，如果我们在这里强调说："放下它，一丝都不要在意！"那不现实，事实上我们这些凡夫俗子根本不可能尽除七情六欲，当"珍爱"流失，我们不可能做到波澜不惊。只是，我们可否将得失心放淡一些？我们喜欢一件东西，是不是非要得到它？我们失去一件东西，是不是非要那样痛不欲生？其实我们完全可以让自己释怀，只要你肯扩充心的容积。

我们应该对生活中的无奈有正确的认知，毫无疑问，我们不可能随心所欲，不可能将我们认为"好"的事物尽收怀里。甚至大多时候，我们要与其失之交臂。我们为此感到遗憾，这很自然。回过头仔细想想，遗憾能给我们留下什么？除了一种难以诉说的隐痛，似乎并没有什么好处。所以，我们不应该让这种隐痛

四、打开心扉，将烦恼尽量抹去

久久不散，我们不是常说"缘由天定"吗？既然某些东西与我们无缘，那不如就随它去吧！生命中的一切本就不属于我们，曾经拥有过，我们为之庆幸，失去了，那也没关系，这样的人生才算完整。

这里有一个故事，与大家分享一下，相信会让我们对人生有一些新的看法：

一个婴儿刚出生就夭折了，一位老人寿终正寝，一名中年人暴亡。三人的灵魂在去往天国的途中相遇，彼此诉说起自己的不幸。

婴儿对老人说："上帝太不公平，你活了这么久，我等于没活过就失去了整整一辈子。"

老人回答："你几乎不算得到了生命，所以也就谈不上失去。谁受生命的赐予最多，死时失去的也最多，长寿非福也。"

中年人大叫起来："有谁比我惨！你们一个无所谓活不活，一个已经活够数，我却死在正当年，把生命曾经赐予的和将要赐予的都失去了。"

不知不觉，他们已来到天国门前，只听到一个声音在头顶响起：

"众生啊，那已经逝去的和未曾得到的都不属于你们，你们有什么失去的呢？"

三个灵魂齐声呼喊："主啊，难道我们中间没有一个最不幸的人吗？"

那个声音答道："最不幸的人不止一个，你们全都是！因为你们全都自以为所失最多。谁受这个念头折磨，谁就是最不幸的人。"

其实芸芸众生，每个人都有自己的追求与欲望，每个人都有着与众不同的价值观，霸者重权、贪者重钱、痴者重情，隐者则更喜好那份安逸与宁静。但无论你是选择钱与权，还是选择情与静，你都必须要放弃其他的一些东西。那么，为什么要因为失去痛不欲生呢？或许我们一直觉得失去的才是最珍贵的。其实失去的未必珍贵，只是它不属于我们，我们便觉得它珍贵了。说到底，还不是我们永不止歇的占有欲在作祟？

但事实上，很多我们失去的东西，真的未必适合自己，而这，或许也正是我们失去的理由。换个角度来看，这应该是一件好事，毕竟我们的精力有限，你失去了"不合适的"，就意味着有更多的时间和精力去争取"合适的"。这就好比谈恋爱，两个人不合适，真的就没有必要勉强在一起，分离或许会给他们带来短暂的痛苦，但当他们找到真正适合自己的那个人时，他们就会庆幸当初的失去。

人生其实就像一场戏，岁月可能会把拥有变为失去，也可能会把失去变为拥有，这很难预料。譬如你当年所拥有的，可能今天正在失去，又譬如你当年未得到的，可能远不如今天所拥有的好。有时候我们错过了，其实正是今后拥有的起点，而有时我们所拥有的，恰恰是今后失去的理由。

曾听过这样一件逸事：

国外某著名大学要在中国招一名学生，这名学生的所有费用由该国政府全额提供。初试结束，有三十名学生成为候选人。

面试那天，三十名学生及其家长云集在考场外。当主考官劳伦斯·金出现在饭店大厅时，一下子便被人群围住了，他们争相用流利的英语向主考官问好，有的甚至还迫不及待地做起了自我介绍。只有一名学生,由于起身晚了一步,没来得及围上去,等他想接近主考官时,主考官的周围已经水泄不通,根本没有插空而入的可能。

于是他失去了接近主考官的大好机会,他有些沮丧。这个时候,他看到一个外国女人有些落寞地站在大厅一角,目光茫然地望向窗外,他心想:身在异国的她是不是遇到了什么麻烦?于是他走过去,彬彬有礼地和她打招呼,然后做了自我介绍,最后他问道:"夫人,您有什么需要我帮助的吗?"接下来两个人聊得非常投机。

后来,这名学生被劳伦斯·金选中了,在三十名候选人中,他的成绩并非最好,而且面试之前他错过了与主考官套近乎的最佳机会,但是他却无心插柳柳成荫。原来,那位异国女子正是劳伦斯·金的夫人。

这件事曾经引起很多人的感叹:原来错过了美丽,收获的并不一定是遗憾,有时甚至可能是圆满。

我们也应该留一份这样的从容给自己,如此就可以对不如意之事处之泰然,对名利得失顺其自然。其实只要豁达一点,我们都能够想明白——这世上所有的好事怎么可能只围着我们转?人生总是有得有失,有成有败,生命之舟本来就是在得失之间浮沉!美丽的机会人人珍惜,然而并非人人都能抓住,错过的东西不一定就值得遗憾。有些东西的确不该错过,然而有些东西则需要你去错过,这才是生活。在生命旅途之中跋涉,我们的视野毕竟有限,如果不肯错过眼前的一些景色,那么可能错过的就是前方更迷人的山河,只有那些懂得取舍的人,才会欣赏到真正的人生美景。

只是我们之中的一些人,似乎永远也参不透这人生的禅机。

他们为了"有所得",可谓是殚精竭虑,费尽心机,更有甚者甚至不择手段,以致走向极端。或许最后他们能够得偿所愿,但是在追逐的过程中,他们同样失去了很多,他们付出的代价应该相当沉重,而这一切并不是某些东西可以弥补的。

其实这样真的没有必要,所谓"强扭的瓜不甜",强求来的东西又有多好?况且很多东西我们一旦得到,就会发现它与想象之中相去甚远,到头来又要追悔莫及。所以,当我们对某人、某物情有独钟之时,得到它或许并不是最明智的选择,而错过它也许反倒会让我们有所收获。因而,即便是处于人生最困顿的时刻,也不要为失去而惋惜。花朵虽美,但毕竟会有凋谢的一天,何必对花长叹,耿耿于怀?要知道,在接下来的时间里,我们将收获雨滴的清爽和戏雨的浪漫。

生活就是这样,许多的心情,可能只有经历之后才会懂得,如感情,痛过了之后才会懂得如何保护自己,傻过了之后才会懂得适时的坚持与放弃。在得到与失去的过程中,我们慢慢地认识自己,其实生活并不需要这些无谓的执着,没有什么真的不能割舍的,学会放弃,生活往往会变得更加容易!

你已经比很多人幸运

相信,很多朋友都会觉得自己很不幸,觉得可能没有人会比自己更痛苦,觉得自己注定就是个倒霉蛋。但朋友们,你们有没

四、打开心扉，将烦恼尽量抹去

有意识到，直到今天，我们依然四肢健全地活着。活着，就是福气，就该珍惜。当我们为没有新鞋而恼火的时候，我们有没有想过，有的人甚至连穿鞋的机会也没有！但他们依然堂堂正正、一脸笑容地活着。所以说，能不能活出个样子，这不在于命运是厚是薄，它取决于你能否以积极的态度去经营人生。如果说你一味地去抱怨、去咒骂，就此萎靡不振，那么谁也无法将你从"倒霉"的深渊中解救出来。

的确，很多时候，命运是爱与人开玩笑的，就像人们常说的那样——"倒起霉来，喝口凉水都塞牙"的这一刻霉运找上了我们，确实会让我们很痛苦，但无论如何我们要知道：这个世界上，我们已经比很多人幸运多了。在我们遭受苦难、心烦意乱之时，不妨静心想想那些更倒霉的人，你会发现，原来我们根本就没有资格抱怨、没有资格自暴自弃。

有这样一个故事，很值得我们设身处地地去做一番体验：

有一个穷困潦倒的销售员，每天都在抱怨自己怀才不遇，抱怨命运捉弄自己。

圣诞节前夕，家家户户热闹非凡，到处充满了节日的欢乐气氛。唯独他冷冷清清、独自一人坐在公园的长椅上回顾往事。去年的今天，他也是一个人，是靠酒精度过了圣诞节，没有新衣、没有新鞋，更别提新车、新房子了，他觉得自己就是这世界上最孤独、最倒霉的那一个人，他甚至为此产生过轻生的念头！

"唉！看来，今年我又要穿着这双旧鞋子过圣诞节了！"说着，他准备脱掉旧鞋子。这时，"倒霉"的销售员突然看到一个年轻人坐着轮椅从自己面前经过。他顿时醒悟："我有鞋子穿是多么幸福！他连穿鞋子的机会都没有啊！"从此以后，推销员无论做什么都不再抱怨,他珍惜机会,奋发图强,力争上游。数年以后,推销员终于改变了自己的生活,过得很幸福。

我们都知道,很多人天生就有残缺,但他们从未对生活丧失信心,从不怨天尤人,也正因如此,他们最终战胜了命运。可是我们之中的一些人,生来五官端正,手脚齐全,却仍在抱怨人生,相比之下,难道我们不应该为此感到羞愧吗?事实上,我们总是这样,看别人只看人家的幸运,看自己就总盯着所谓的背运,殊不知,世人都有种种烦恼,谁想活得好过一点,谁就得多为自己所拥有的感到庆幸。

记得一位哲人曾经这样说过:"如果你失去一只手,就庆幸自己还有另外一只手,如果失去两只手,就庆幸自己还活着,如果连命都没了,就没有什么可烦恼的了。"人生的道理不就是这样吗?珍惜现在所拥有的,你才能感受到幸福。所以说,人还是应该多往好的方面看,当苦难来临之际,不要老是盯着阴暗的一面,调转目光,看看那些同样承受苦难的人,再想想自己所拥有的,或许我们就会有所改观,或许就会觉得自己已经很幸运了。

更何况,一个倒霉的开端并不意味着一定是一个悲惨的结局,事情的结果终究没有确定,我们又何苦惶惶不可终日?或许,多一点心气、多一点斗志,事情的结果就会大不一样。要知道,这世界根本就没有过不去的坎儿,一时的失意绝不意味着失意一生。苦难谁没有?倒霉的人也比比皆是。可惜大多数人总是看不透、悟不明,本来无甚大碍,却始终觉得自己是何其不幸,让自己难过、痛苦、烦乱,但生活还得继续,苦难也不会消失。

要知道,生命中收获最多的阶段,往往就是最难挨、最痛苦的时候,因为它迫使我们重新检视反省,替我们打开内心世界,带来更清晰、更明确的方向。诚然，要想生命尽在掌控之中是一件非常困难的事，但日积月累之后，经验能帮助我们汇集出一股力量，让我们愈来愈能在人生泰然处之。很多灾难在时过境迁之后再回头看，你会发现它并没有当初看来那么糟糕，这就是生命的成熟与锻炼。

其实，上苍给予每个人的苦与乐大致都是相同的，只是我们对于苦乐的态度不同。有时我所求，却在别人处，有时我所有，正是他所求。所以人皆有苦，亦皆有乐。当我们含笑面对这一切时，便没有解不开的心结。人生路上，天空总会下雨，当没有阳光时，我们自己就是阳光，没有快乐时，我们自己便是快乐。我们要意识到，纵然是一双旧鞋子，穿在脚上仍是温暖、舒适的，因为这世界上还有人连穿鞋的机会都没有！所以当你茫然之时，请多想想自己已是多么幸运。

对生命中的羁绊，还是乐观一点好

有时觉得人真的是一种很有趣的生物，同样是一双眼睛，有人看到的是刺骨的严寒，有人看到的是傲然的梅花，因而有了不同的心境。那么，我们应该怎样去看待这世间的一切？奉劝大家，对生命中的一切，还是乐观一点为好。

当然，我们不能每天都遇到好事，只是一旦那些我们不愿意看到的事情发生了，很多朋友都会背上消极的负累，觉得自己是天下最倒霉的人，其实，事情往往都没有我们想象的那么糟糕。常言说得好："风水轮流转。"这个世界上没有人会永远幸运，当然也没有人会永远倒霉。再者说，人生路上若是没有磕磕绊绊，那就不叫人生。就像我们小时候不摔几个跟头就学不会走路一样，人这辈子要想有所成就，就必须经历这些历练。只不过很多朋友看不透，一遇到不如意的事就让自己往牛角尖里钻，觉得上天就是在捉弄自己，因而骂天骂地骂社会，却从不知检视一下自己。当然，我们也看到，有些朋友在相同的境遇下，却屡屡能够柳暗花明，最终越过挫折收获希望。造成这种反差的原因很简单，后者总是微笑着迎接自己生命的每一天，不管未来会发生什么，不管人生的这条路是通达还是曲折，他们都会一步一步地走下去，因为他们相信在不久的将来一定能得到他们渴望的美好生活。

　　生活就是这样，你看到它的好，它就给你它的好；你只盯着它的坏，它就让你觉得更坏。面对生活，人人都应该有自己的激情，面对人生，我们都应该保持积极进取的态度。就算眼前的一些事令我们迷茫了，也要学会透过迷雾看希望。人生本来就是一场充满未知的旅行，我们永远不知道下一站会发生什么事情。但不管发生什么，我们都要活着不是？那么，快乐地活着是一天，不快乐地活着也是一天，我们又为什么不能弃后者而取前者呢？

　　我们强调过，悲欢离合都是人生中不可或缺的历练，这本身就是上苍送给我们的最好的人生礼物。我们应该诚心地去接受它，无论遇喜、遇悲，就把它当成是对于心灵的一种洗礼，告诉自己，这会让我们的心越发成熟起来。当我们能以乐观的态度去对待人生中那些看似悲观的事情时，当我们能用积极的心态去迎接每一天的生活时，那么怎么看我们的人生都是幸福并成功的。

事实上，朋友们或许还没有认识到，经营人生很重要的一点就是多往好处看。曾经听到过这样一个故事，讲的就是这个理，大家一起来感悟一下吧。

故事说古时有两个秀才一起进京赶考，路上二人遇到一支出殡的队伍。他们看到一口黑乎乎的棺材，其中一个秀才心里立即"咯噔"一下，凉了半截，心想：完了，真触霉头，赶考的日子居然碰到这个倒霉的东西。于是，心情一落千丈，走进考场，那个"黑乎乎的棺材"一直挥之不去，结果，文思枯竭，名落孙山。

另一个秀才也同时看到了那口棺材，一开始他心里也"咯噔"了一下，但转念一想：棺材，棺材，噢！那不就是有"官"又有"财"吗？好，好兆头，看来今天我要红运当头了，一定高中。于是他心里十分兴奋，情绪高涨，走进考场，文思如泉涌，果然一举高中。

回到家里，两人都对家人说：那"棺材"真的好灵。

朋友们说，棺材真的有那么"灵"吗？当然不是，事实上是他们的心"显灵"了！第一个秀才之所以名落孙山，是因为他在考场上发挥不好，而发挥不好的根本原因就是"心"乱了，因为他感到棺材令他"触霉头"。另一个秀才之所以金榜题名，是因为他考场上发挥超常，而发挥超常的根本原因是他的"心"安了，因为他觉得棺材是他的"好兆头"。

在现实生活中，类似的事情并不少见。譬如，有些人会因为失败而跳楼，有些人则会因为战胜失败而重新成就一番更大的事业；有些人会因为对手强大而心生畏惧，有些人则会因为敢于挑战巨人而使自己快速地成为巨人……人生就是这样，只要你的思维变了，眼前的世界就会跟着发生变化，所以朋友们，万事都往好处想！有一点毫无疑问，你我都不希望自己的人生在悲观失落中度过，但如果我们的脑子中装满了对这个世界的愤愤不平、装满了面对人生的消极情绪，试问何处又能盛装快乐呢？其实，只要我们的心放宽一点就会发现，每个人的生活都差不多，每个人都在为生计而奔波，每个人都要为一日三餐的质量而努力，当然，也都要遇到各种各样的难题。那么，别人看得开，我们为什么就看不开呢？事实上，也正是因为我们看不开，所以别人在困难之中往往能看到契机，而我们就只能看到危机。

我们的人生还有很长一段路要走，我们不能让自己的心在悲观消沉中度过，那样即便到了寿终之时，我们及我们身边的人依旧体会不到真正的快乐。生活本身就带着它的两面性，我们应该学着去漠视它的苦，去体会它的乐。

我们所期望的每一件事情都绝非不可或缺

已经年纪不小，成为职业经理人的美梦没有实现，理想中的精致生活也没能拥有，你感到失望了，你焦虑了，待人接物无精打采，做起事来心不在焉……此时你要注意了，偶尔的失望可以理解，但不能让失望的情绪控制了你。

失望情绪就像讨厌的感冒一样，连续不断时，就会带来较为

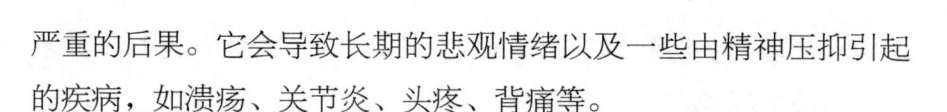

严重的后果。它会导致长期的悲观情绪以及一些由精神压抑引起的疾病，如溃疡、关节炎、头疼、背痛等。

长期对生活失望的人可分为三种类型。

第一种是妄自尊大型。这个类型的人指望得到特殊待遇。希望自己的房子比别人的都大，希望在饭店里吃最好的酒菜，希望别人享有的他也通通享有。这种类型的人必须认识到他的要求是一切以自我为中心的，是不合情理的。

与第一类人截然不同的是饱受创伤型。这个类型的人由于早年受过严重创伤而对生活失去了希望，为了避免更大的失望，就期待着发生最坏的情况，以此来作为防备。于是，他觉得自己会第一个被解雇，办事会被骗……对于这类人，恶劣的情绪比他所面临的实际困难更为可怕，因为这类人总是感到幻灭，因而对生活总是抱着玩世不恭的态度。

而第三种是苛求自己型。这种人想讨好每个人。比如他去参加一个晚会时想着："我怎样才能赢得晚会上所有人的好感呢？"他时时刻刻揣测着别人对他的要求，结果，反而不知道自己想要什么，自己需要什么了。他总是失望，因为他不能满足每个人的要求。

生活的每个时期都有特定的内容，所以也就有不同的失望。儿童简直可以对任何一件事情感到沮丧，因为他对现实的认识太天真、太不充分了。随着年龄的增长，我们对现实的认识丰富起来了，我们的情绪也不再像儿童时那样变化无常了。然而，进入三十几岁时，我们才第一次看到，我们过去曾向往过的那么多的目标是不可能都实现的，时间和机遇限制了可能性。我们的失望一般是围绕着事业上停滞不前之类的问题，或者，觉得自己已到了中年却还没能得到原先所冀望的舒适与安定，仍在为基本的生计而奔波忙碌。

在晚年，老人们似乎对两件事情感到失望：一个是没有受到应有的尊重，另一个是因为想到自己再也不能希望什么了。

我们必须承认，任何主观的空想都是不可能实现的。我们应该使我们的愿望灵活一些，这样，当遇到了难遂人愿的情况时，我们就有思想准备放弃原来的想法。我们要看到，没有一个愿望是绝对神圣、不可更改的。

举个简单的例子。你去看戏，希望能见到一个你十分喜欢的演员。可是，就在开演之前，主持人宣布说那位明星演员病了，由另一位演员出场。假如你死死坚持原来的愿望，你就会为演员的变动而嗟然叹气并愤愤不平地走出剧场。而如果你的愿望是灵活的，你则可能会挺喜欢这场演出，甚至会对新演员的演技品评一番。

我们还需要在自己的愿望当中多做些有根有据的估计，少点主观的臆想。

很简单，我们应追求与自己的能力大小相当的目标。如果我们对外语并不在行，却期望当上法文小说译作家，那就是异想天开。

那么，怎样才能从一场深深的失望中恢复过来呢？

首先你要承认你受到的创伤和打击，不要掩饰它。然后，你可以难过一段时间以作宣泄。

接着，我们需要对所受的损失做一定分析。这最难，它要求我们领悟到：我们所期望的每一件事情都并非绝对不可缺少。

令人失望的事可以成为一次总结经验的机会，因为它用事实给我们上了一课，使我们清醒过来，正视生活的现实。它提醒我们重新考察自己的愿望，以便使之更加切合实际。

失望是谁都会有的情绪，因为世事毕竟不能尽如人意，不过在失望面前你不应气馁，而是应该把失望化做动力，继续为了自己的目标拼搏下去。

毫无疑问，世界上并不存在万事如意的幸运儿，更多的人体会到的是命运多舛的磨难。那些成功者，我们只看到了他们成功后的光环，却鲜有人知道他们历经的艰险，他们亦是在一次次的失败中站起来，在一次次的失望中重拾信心，百折不挠，才有了今天的成就。一个成年人必须学会克服失望的情绪，必须禁得起挫折与打击，才有可能为自己和家人铸造一个美好的未来。

为拥有而开怀

有很多人爱埋怨命运的不公正，因为他们所期冀得到的，往往在别人身上得以实现，于是他们为此愤愤不平。其实，上帝是公平的，给予每一个人的欢乐与痛苦都与他的付出成正比。只是我们只看到了别人好的一面，却没有看到他们曾经的努力或是背后隐藏的黯然，我们又只看到了自己消极的一面，却不懂得为拥有而开怀。其实，我们所拥有的，别人不一定拥有，每个人有自己拥有的长处，每个人也都有他自身的不足，所以，我们不必为别人的拥有而失意，应该多为自己的拥有而感到庆幸。

曾看过这样一则故事：

某国一位著名的女高音歌唱家，仅仅30多岁就已经红得发紫，誉满全球。

一次她到邻国来开独唱音乐会，入场券早在一年以前就被抢购一空，当晚的演出也受到极为热烈的欢迎。演出结束之后，歌唱家和她的丈夫、儿子从剧场里走出来的时候，一下子被早已等在那里的观众团团围住。人们争着与歌唱家交谈，其中不乏赞美和羡慕之词。

有的人恭维歌唱家大学刚刚毕业就开始走红，进入了国家级的歌剧院，成为扮演主要角色的演员；有的人恭维歌唱家有个腰缠万贯的丈夫，而膝下又有一个活泼可爱、脸上总带着微笑的儿子……

在人们议论的时候，歌唱家只是在听，并没有表示什么。等人们把话说完以后，她才缓缓地说道：

"我首先要谢谢大家对我和我的家人的赞美，我希望在这些方面能够和你们共享快乐。但是，你们看到的只是一个方面，还有另外的一个方面没有看到。那就是你们夸奖的活泼可爱、脸上总带着微笑的这个小男孩，不幸是一个哑巴，而且，他还有一个姐姐，是需要长年关在装有铁窗房间里的精神分裂症患者。"

歌唱家的一席话使人们震惊得说不出话来，大家你看看我，我看看你，似乎很难接受这样的事实，但事实却就是这样。

很多人都是这样，我们总去羡慕别人拥有的一切，总是喜欢拿自己同别人做比较，比来比去，总是让自己凭空多了很多的不平衡，从而让自己生活在无谓的痛苦之中，这未免有些傻。其实我们需要的是一颗平和的心，用心去珍惜自己现在所拥有的，这样才会让自己活得实在而又自在，才会活出真我，活出价值。

我们应该让自己的心中充满幸运的感觉，对于人生的喜怒哀乐，持有一种很平淡的态度，不和他人比较，珍惜自己当下所拥有的，这会让我们很知足，让我们感觉很快乐。

没错，珍惜我们现在所拥有的，会让我们时时充满快乐的元素，会让我们感觉这样的生活真实而又轻松。我们每个人都在追求着幸福，可是幸福究竟是什么？——家庭和睦，事业有所突破？这的确是我们应该追求的。但你不要把追求放得太高、太远，譬如非要住豪宅、开跑车、抱娇妻才能算是家庭和睦，又譬如非要做个什么"总"、什么"长"才算是事业有成，其实与其追求这种很遥远的梦想，倒不如珍惜现在所拥有的来得实际些，如果连本属于自己的都失去了，又谈何更远的呢？

有人说，失去的才是最珍贵的，但事实上，世界上最珍贵的东西是现在拥有的。人生短短数十载，我们应该为拥有而开怀，如果你当初不明此理，那么从现在开始，好好珍惜自己所拥有的一切，不要等到失去了再追悔莫及。倘若我们能够珍惜自己现在所拥有的，充实地过好每一天，那么对于我们这些普通的人来说，这又何尝不是一种幸福？

放下心灵的包袱，这不光是为了自己

我们都知道，人生的成或败、乐或悲，有相当一部分取决于自己的心态。一个人心里想着快乐的事情，他就会变得快乐；心里想着伤心的事情，他的心情就会变得灰暗。那么，我们为何不放下烦恼，让自己活得更加快乐呢？

有一位少妇忍受不住人生苦难，遂选择投河自尽。恰在此时，一位老艄公划船经过，二话不说便将她救上了船。

艄公不解地问道："你年纪轻轻，正是人生当年时，又生得花容月貌，为何偏要如此轻贱自己，要寻短见？"

少妇哭诉道："我结婚至今才两年时间，丈夫就有了外遇，并最终遗弃了我。前不久，一直与我相依为命的孩子又身患重病，最终不治而亡。老天待我如此不公，让我失去了一切，你说，现在我活着还有什么意思？"

艄公又问道："那么，两年以前你又是怎么过的？"

少妇回答："那时候自由自在，无忧无虑，根本没有生活的苦恼。"她回忆起两年前的生活，嘴角不禁露出了一抹微笑。

"那时候你有丈夫和孩子吗？"艄公继续问道。

"当然没有。"

"那么，你不过是被命运之船送回了两年前，现在你又自由自在、无忧无虑了。请上岸吧！"

少妇听了艄公的话，心中顿时敞亮许多，于是告别艄公，回到岸上，看着艄公摇船而去，仿佛做了个梦一般。从此，她再也没有产生过轻生的念头。

无论是快乐抑或是痛苦，过去的终归要过去，强行将自己困在回忆之中，只会让你备感痛苦！无论明天会怎样，未来终会到来。若想明天活得更好，你就必须以积极的心态去迎接它！

其实，每个人的一生都是在不断的得失中度过的，我们的不如意和不顺心，其实都与在得失之间的心理调适做得不够有关

四、打开心扉，将烦恼尽量抹去

系。人生如白驹过隙，如果我们在得失之间执迷不悟，是否太亏欠这似水年华呢？学会舍得，学会洒脱，你的人生才会有属于自己的精彩。

北宋时期，金兵大举入侵中原，宋朝百姓纷纷离开家乡，以避战乱。一伙百姓仓皇逃到河边，他们丢下了身上所有的重物，包括贵重的物件，拥挤着登上了仅有的一条渡船，船家正要开船，岸边又赶来了一个人。

来人不停地挥手、叫喊，苦苦恳求船家把他也带上。船家回答道："我这条船已经载了很多人，马上就要超载了，你要是想上船过岸，就必须把身上的大包袱统统扔掉，否则船会被压沉的。"

那人迟疑不决，包袱里可是他的全部家当。

船家有些不耐烦，催促道："快扔掉吧！这一船人谁都有舍不得的东西，可他们都扔掉了。如果不扔，船早就被压沉了。"

那人还在犹豫，船家又说："你想想看，包袱和人到底孰轻孰重？是这一船人的性命重要，还是你的包袱重要？你总不能让一船人都因为你的包袱惶恐不安吧！"

要知道，包袱虽然只属于你自己，但它却会令一船人为之担心不已……有些时候，纵使放不下也要放，多愁善感、愁肠百结不但会伤害你自己，同时还会伤害那些关心你的人。难道，你真的舍得他们每日为你提心吊胆，看着你郁郁寡欢的样子痛心不已吗？

其实人的一生，都在不间断地经历时过境迁。适时地遗忘一些经历，不但能给自己带来快乐，还能给家庭带来幸福。有时你要想想，人活着真的不仅是为了自己，你因过往琐事心思焦虑，难道还要别人也为你同样忐忑不安吗？

· 97 ·

从烦恼中解脱出来，从容面对真实的人生

小时候我们无忧无虑，随着年龄的增长，烦恼也与日俱增。20岁的时候还可以过一过"一人吃饱全家不饿"的日子，可30岁以后开始慢慢意识到自己身上的责任。想抓住身边的机遇却一再错过，想完成自己的梦想，却觉得它日渐遥远。总而言之，一连串的苦恼，就这样有形无形地折磨着自己。别再想了，好好地给自己放个假，每个人有每个人的潇洒，让我们将那些令人心碎的苦恼统统抛在脑后吧。

随着时光的流逝，我们在慢慢走向成熟，我们有了不少自己的心事。它也许是有关事业的，也许是有关家庭的，也许是有关爱情的。总而言之，它让我们内心产生了一种纠结的情绪。这种苦恼有的时候让我们很痛苦，经常把我们推向消极的死胡同，使我们丧失最初的斗志，让我们觉得生活中有太多的失落。其实，事情并没有我们想象中的那么沉重，但我们却认为它很沉重。就这样，日子一天天过去，让我们有了一种在苦恼中挣扎的感觉。

当各种各样的苦恼重叠在了一起，当我们感到这些压力和失落让我们的人生失去意义，我们就需要暂时停下脚步，让自己内心的不满、痛苦和无奈得到彻底的宣泄。我们可以给自己设计一段轻松的日子，在这些日子里，什么都不要想，去做自己喜欢的

四、打开心扉，将烦恼尽量抹去

事情，将各种各样的苦恼统统抛在脑后。我们现在需要的就是休息、放松，只有让自己的情绪归于宁静，我们才能在以后更加从容、冷静地面对压力，面对人生，面对自己。

这时候忽然想起了这样一个故事：

飞机正在白云之上翱翔。机舱内，空姐微笑着给乘客送食品。陈老板细细地品尝美食，而邻座的年轻人却愁眉苦脸地望着窗外的天空。

陈老板颇为好奇，热情地问："小伙子，怎么不吃点儿？这伙食分量足，味道也不错。"

年轻人慢慢地扭过头，不无尴尬地说："谢谢，您慢用，我没胃口。"

陈老板仍热情地搭讪："年纪轻轻的怎么会没胃口？是不是遇到什么不开心的事啦？"

面对陈老板热心的询问，年轻人有些无奈："遇到点儿麻烦事，心情不太好，但愿不会破坏了您的好胃口。"

陈老板更热心了："如果不介意，说来听听，兴许我还能给你排忧解难。"

年轻人看了看表，还有一个多小时才能到达目的地，那就聊聊吧。

年轻人说："昨夜接到女朋友的电话，说有急事要和我谈谈。问她有什么事，女朋友表示见了面再说。"

陈老板听后笑了："这有什么犯愁的呀？见了面不就全清楚了吗？"

年轻人说："可她从来没这么和我说过话。要么是出了什么大事，要么就是有什么变故，也许是想和我分手，电话里不便谈。"

陈老板笑出声："你小小年纪，想得可不少。也许没那么复杂，是你想得太多。"

年轻人叹道："我昨天晚上都没合眼，总有一种不祥的预感。唉，你是没身临其境，哪能体会我此刻的心情。你要是遇到麻烦，就不会这样开心啦。"

陈老板依然在笑："你怎么知道我没遇到麻烦事？也许你的判断不够准确。"说着，陈老板拿出一份合同，"我是去广州打官司的，我们公司遇到前所未有的大麻烦，还不知能否胜诉。"

年轻人疑惑地问："可您好像一点儿也不着急。"

陈老板回答："说一点儿不急那是假，可急又有什么用呢？到了之后再说，谁也不知道对方会耍什么花样。我们可能会赢，也可能一败涂地。"

年轻人不禁有点佩服起眼前这位儒雅的绅士来。一晃几十分钟过去，到达了目的地广州，陈老板临别时给了年轻人一张名片，表示有时间可以联系。

几天后，年轻人按照名片上的号码给陈老板打了个电话："谢谢您，陈董事长！如您所料，没有任何麻烦。我女朋友只想见见我，才出此下策。您的官司打得怎么样？"

陈董事长笑声爽朗："和你一样，没什么大麻烦。对方已撤诉，我们和平解决。小伙子，我没说错吧，很多事情面对了之后再说，提前犯愁无济于事。"年轻人由衷地佩服这位乐观豁达的董事长。

有句成语叫作自寻烦恼，这无非是在告诫我们：许多烦心和忧愁都是我们给自己绑的绳索，是对自己心力的一种无端耗费，无异于给自己设置了一个虚拟的精神陷阱。只要好好把握现在，什么事情都可能出现转机。同样，遇到苦恼的时候，我们没有必要觉得它有多么让人恐惧，不要在自己的想象中把未来还未发生的事情想得那么可怕。有的时候试着把这一切的一切抛在脑后，让其顺其自然地发展，也许一切就会在不知不觉中迎刃而解。

其实这个世界上没有任何一种苦恼是永恒的，如果有，也是人长时间自我纠结的结果。如果你现在正在经历着苦恼，就一定要学会把它放下，让内心得到一种彻底的平衡和安宁。只有这样，你的人生道路才会更加平坦，你走在路上才会更加从容，而快乐的天使将永远不会舍你而去。

五、平心静气，安抚无谓的焦虑

　　焦虑的根源就在于我们心中各种各样的欲求与不满。我们既然有了生命，就都想活得好。至于活得怎样算是好，便是仁者见仁、智者见智了。有人认为粗茶淡饭，平平淡淡就好；也有人认为要锦衣玉食，有豪车豪宅才算是好。但是，这些真的那么重要吗？我们想拥有的东西太多，因而一旦不能如愿，焦虑便随之而生，并且不断衍生，甚至令我们无暇再顾及人生的意义了。这是多么可怕的事情！

很多焦虑都是我们自找的

常言道:"世上本无事,庸人自扰之。"事实上,很多焦虑真的都是我们自找的,如果说我们想要从焦虑的牢笼中解脱出来,当下要做的就是放下心中杂念,别让外物的悲喜侵扰自己。其实有的时候,我们真的很愚蠢,我们四处寻找解脱烦恼的秘诀,却不知,这将带来更多的烦恼。许多烦恼和焦虑缘于外物,却是发自内心,如果心灵没有受到束缚,外界再多的侵扰都无法动摇我们静谧的心灵。反之,如果内心波澜起伏,汲汲于功利,汲汲于悲喜,那么即便是再安逸的环境,都无法止息我们心灵上的躁动。佛语有云:"菩提本无树,明镜亦非台,本来无一物,何处惹尘埃?"是啊,尘埃从哪儿来?尘埃就从心中来!人世间一切的杂念与烦忧,其实都是心乱所生,如果我们能够让心恢复平静,带着牧童牛背吹笛、老翁临渊钓鱼的心绪去看待生活,而不去自寻烦忧,那么,焦虑自当远离。

有这样一段禅师与信徒的对话,我们看看能否从中感悟到什么。

话说有一位虔诚的佛教信徒,每天都从自家花园中采撷鲜花到寺院供佛。一天,当她正送花到佛殿时,碰巧遇到无德禅师从法堂出来,无德禅师非常欣喜地说道:"你每天都这么虔诚地以香花供佛,来世当得庄严相貌的福报。"

信徒非常欢喜地回答道:"这是应该的,我每天来寺礼佛时,

五、平心静气，安抚无谓的焦虑

自觉心灵就像洗涤过似的清凉，但回到家中，心就烦乱了。我这样一个家庭主妇，如何在喧嚣的城市中保持一颗清净的心呢？"

无德禅师反问道："你以鲜花献佛，相信你对花草总有一些常识，我现在问你，你如何保持花朵的新鲜呢？"

信徒答道："保持花朵新鲜的方法，莫过于每天换水，并且在换水时把花梗剪去一截。因为花梗的一端在水里容易腐烂，腐烂之后，水分就不易被吸收，就容易凋谢！"

无德禅师道："保持一颗清净的心，其道理也是一样。我们生活的环境就像瓶里的水，我们就是花，唯有不停净化我们的身心，变化我们的气质，并且不断地忏悔、检讨，改正陋习、缺点，才能不断吸收到大自然的食粮。"

信徒听后，欢喜地作礼，并且感激地说："谢谢禅师，希望以后有机会过一段寺院中禅者的生活，享受晨钟暮鼓、菩提梵唱的宁静。"

无德禅师道："你的呼吸便是梵唱，脉搏跳动就是钟鼓，身体便是庙宇，两耳就是菩提，无处不是宁静，又何必等机会到寺院中生活呢？"

是啊，只要心静，热闹场中亦可作道场！我们总觉世界喧嚣，因而妄生烦恼，不得安宁。但事实上，只要我们能够丢下妄愿、抛开杂念，哪里不可宁静呢？相反，如果妄念不除，即使我们住在深山古刹，一样无法求得片刻平静。就像佛教慧能法师所说的那样，不是风动、不是幡动，是人心动。心才是无法宁静的本源。解决生活乃至生命的苦恼，并不在苦恼的本身，而是要有一个开阔的心灵世界。我们只有止息心的纷扰，才不会被外在的苦恼所困扼，因此要解脱烦恼，就在于自我意念的清净。

只要我们能够放下对尘世中各种意识的执着，便可得到一个净土世界。相反，你若是一意执着于悲伤，那么你所踏入的便是悲伤世界，当你放下心中悲伤念头时，才能够从中解脱出来。

三国传奇人物诸葛亮在54岁时写下了《诫子书》，他在书中告诫自己8岁的儿子诸葛瞻："夫学须静也，才须学也。非学无以广才，非静无以成学。"在诸葛亮看来，心不静则必然理不清，理不清则必然事不明，人一旦心乱，就会失去理智，陷入迷茫。相反，人心若能进入"静"的境界，就会豁然开朗，人生便多了一些祥和，少了一些纷争；多了一些福事，少了一些灾祸。

是的，外在的纠葛太多，我们的心就无法安宁，更无法净化。我们对外在无限制地索取，常常是以支付心灵的尊严为代价的。我们应该走出心门，看看屋外的松林，听听松涛的呼唤，眺望远处的大海以及迎风的帆船，我们的心中会有对生命新的转移与看待。

其实只要我们的心灵清静了，世界也就随之清明了。我们做人，首先就要静心，让内心的那些诸如烦恼、欲望、忧愁、痛苦等无形的纷扰止息下来，否则一不留神它们便可能发霉、腐烂，我们的心灵世界也就岌岌可危了。

心灵的困窘，是人生中最可怕的贫穷

有诗云："春有百花秋有月，夏有凉风冬有雪。若无闲事挂心头，便是人间好时节。"是的，无论这世间如何变化，只要我们的

五、平心静气，安抚无谓的焦虑

内心不为外境所动，则一切是非、一切得失、一切荣辱都不能影响我们，而在这种状态下，我们的内心世界将是无限宽广的。换言之，心外世界如何其实并不重要，重要的是我们的内心世界。内心开阔，即便我们身居囹圄，亦可转境，将小小囚房视为大千世界；内心狭隘，即便我们住在皇宫，也会感到焦虑异常的。

有这样一个故事，就十分贴切地说明了这个道理：

一个罪犯的"丑事"大白于天下，定罪以后被关押在某监狱。他的牢房非常狭小、阴暗，住在里面很是受拘束。罪犯内心充满了愤慨与不平，他认为这间小囚牢简直就是人间炼狱。在这种环境中，罪犯所想的并不是如何认真改造、争取早日重新做人，而是每天都怨天尤人，不停叹息。

一天，牢房中飞进一只苍蝇，它"嗡嗡"地叫个不停，到处乱飞乱撞。罪犯原本就很糟糕的心情，被苍蝇搅得更加烦躁，他心想：我已经够烦了，你还来招惹我，是在故意气人吗？我一定要捉到你！他小心翼翼地捕捉，无奈苍蝇比他更机灵，每当快要被捉到时，它就会轻盈地飞走。苍蝇飞到东边，他就向东边一扑；苍蝇飞到西边，他又往西边一扑……捉了很久，依然无法捉到。最后，罪犯叹气道："原来我的小囚房不小啊，居然连一只苍蝇都捉不到。"

感慨之余，罪犯突然领悟到：人生在世无论称意与否，若能做到心静，则万事皆可释怀，若能做到心静，自己也绝不至于身陷囹圄。其实他早该明白——"心中有事世间小，心中无事天地宽。"如果我们在遭遇问题、困难、挫折时，能够放平心态，以一颗平常心去迎接生活中的一切，那么，我们的世界就会变得无限宽广。

曾听人说过："心灵的困窘，是人生中最可怕的贫穷。"同理，心灵的平和，也是人生中最大的富足。一个人，倘若在外界的刺激中依然能够活得快乐自在，那么，他就能守住内心的那份清净。然而，我们多是普通人，每日穿梭于嘈杂人流之中、置身于喧嚣的环境之下，又有几人能够做到内心清净呢？于是，我们之中的很多人需要寄托于外界刺激来感受自己的存在；于是，很多人开始沉溺于声色犬马之中，久久不能自拔；于是，很多人为求安宁，自诩为"隐者"，远避人群。殊不知，故意离开人群便是执着于自我，刻意去追求宁静实际是骚动的根源，如此又怎能达到将自我与他人一同看待、将宁静与喧嚣一起忘却的境界呢？

也就是说，求得内心的宁静在于心，其次在于环境。否则把自己放进真空罩子里不就干净无菌了吗？其实，这样的环境虽然宁静，假如不能忘却俗世事物，内心仍然是一团烦杂。何况既然使自己和人群隔离，同样表示你内心还存有自己、物我、动静的观念，自然也就无法真正达到身心俱宁的境界。

真正的心净之人，对于外界的嘈杂、喧嚣具有极强的免疫功能，他们耳朵根子听东西就像狂风吹过山谷造成巨响，过后却什么也没有留下；他们内心的境界就像月光照映在水中，空空如也不着痕迹。如此一来，世间的一切恩恩怨怨、是是非非，便都宣告消失了，这才是真正的物我两相忘。

当然，以现实状况来看，人的感官不可能一点不受外物的感染，但要提高自身的修养，加强意志锻炼，控制住自己的种种欲望，排除私心杂念，建立高尚的情操却是完全可能的。那么朋友们，就让我们从今开始，由己及彼，从"心"着手，静化灵魂，这样，我们一定会受益匪浅。

放宽心，别在焦虑中走向毁灭

有人说这个世界很压抑，其实是人心太焦虑。所以我们遗憾地看到，虽然今时今日的娱乐方式应有尽有，然而焦虑症患者却在不断增多；物质条件日益改善，然而轻生者却屡屡出现。这些，归根结底源于人的心理问题。也就是说，目前，人们的心灵很混乱，因为混乱所以焦虑。

平心而论，每个人都有其自身的压力，谁都会遇到烦心之事，不过，那些心胸豁达的人挺一挺也便过去了，而那些心事过重的人却徘徊在自己的情绪中，无论如何也想不开。或许这些人每天都在想的是"我""我想""我要""我爱"，那么他就活得很狭隘，承担不起该承担的责任，走不出焦虑的世界。其实不管是谁，都是爱自己的，这一点无可厚非。那些内心焦虑，甚至想自杀的人无非是因为觉得自己受到了某些难以忍受的伤害，那么，是不是真的难以忍受呢？我们不妨看看下面这则故事：

一位诗人爱上了一个美丽的女子，而那个女子却无情地拒绝了他的示爱。诗人的家人非常担忧，怕他会自杀，都试着说服他。但他们越是这样，他就越认为自己应该自杀。他的家人不知道该怎么办，就把他的门锁起来，但他开始用头去撞门，他们非常害怕。

突然间，他们想到了诗人的朋友，一位颇有声望的哲学家，于是他们就叫来哲学家，看能不能劝住发疯的诗人。

哲学家来时，诗人正用头撞门，看样子他真的很伤心。

哲学家告诉他："你为什么要把这出戏演得这么大？如果你想自杀，你就自杀，为什么要制造出这么大的噪声？只用头撞门你是不会死的。所以，你跟我来，我们可以爬上楼去，从十几层跃下，何其痛快！为什么在这里搞得大家心神不宁？"

诗人不再用头撞门，他感到困惑：堂堂一个哲学家，又是名人，居然劝人跳楼？！

哲学家继续说："把门打开，不要再引来一大堆的观众，为什么要这么演戏，你只要跟我来，我们上楼，保证你很快会消失。"

诗人将门打开，一脸困惑地看着哲学家。于是哲学家拉住他的手，带他上楼。

诗人往楼上走，变得越来越害怕。

他们到了楼顶，诗人突然变得很生气："你是我的朋友还是我的敌人？你好像想要杀死我。"

哲学家辩解说："是你想要死，我作为朋友责无旁贷，我必须帮助你。我已经准备好了，现在我们去栏杆那儿。今夜很美，月亮已经出来了，正是个好时候。"

诗人脸色煞白，嘶喊道："你可以强迫我去死吗？"

哲学家说："你看看！你并不想死，死也解决不了问题。其实，人生没有过不去的坎儿。"

一些人在生活中遭遇重大挫折以后，会像故事中的诗人一样，在生与死之间选择后者。然而，自杀并不是解决问题的办法，死，不是痛苦的结束，生命是随着个人的善恶业报而相续不断的。佛教讲善终，能够善终才能往生善道，才能得到真正的解脱。在有生之年，我们应该发挥生命的光与热，以奉献自己、服务大众来扩大生命的价值与意义，延续生命的希望与未来，这才是我们面对人生应有的正确态度。

现代人工作忙碌，加上许多人因为追求完美、希望获得他人肯定而不断给予自己压力，又加上过度压抑情绪，焦虑指数也就一直降不下来，一旦时间久了就容易出现焦虑症。因此，适时为情绪找出口，以及旁人的陪伴与倾听也越发重要。

想要真正走出生命"忧"谷，除了求助精神科医师或心理咨询师等专业治疗外，对当事者而言，最重要的还是要找出自己的压力源头，学习如何处理压力、解决问题，才能避免压力如影随形，压得人喘不过气。

除了找出压力源外，学会如何疏解压力也是十分重要的，进行运动、旅游、散步、打坐、瑜伽等都是不错的方式。

现实生活中，焦虑症患者常为情、财、事业等问题所困，进而导致自杀，但无论是何种原因导致焦虑自杀，归根结底，就是人们常常不懂得适时放下，也就是遇到困境无法持有光明、正向的念头。那么很显然，遇事多向好的一方面去考虑，你的焦虑、你的心结自然也就解开了。

接受生活的不可测，因为生活还得继续

尽管我们的人生有诸多不如意，可我们的生活还是要继续。然而，不肯接受这诸多"不如意"的人也不少见。这些朋友拼命

想让情况转变过来，不管这是不是还有用。为此他们劳心劳力，如果事情没有转机，他们就会把问题归结到自己身上，觉得自己没有尽力，或是没有本事。然而，总有些事情是我们无能为力的。对于那些无法改变的事情，与其苛求自己做无用功，不如坦然接受的好。

也就是说，既然我们控制不了，不如就选择去接受！不要固执地扛住不放，有时，"顺应天命"也是一种不错的选择。别为我们无法控制的事情而烦恼，我们要做的是决定自己对于既成事实的态度。

已故的美国小说家塔金顿常说："我可以忍受一切变故，除了失明，我绝不能忍受失明。"可是在他60岁的某一天，当他看着地毯时，却发现地毯的颜色渐渐模糊，他看不出图案。他去看医生，得知了残酷的现实：他即将失明。后来，他两只眼差不多全瞎了。他最恐惧的事终于发生了。

塔金顿对这最大的灾难作何反应呢？他是否觉得："完了，我的人生完了！"完全不是，令人惊讶的是，他还蛮愉快的，他甚至发挥了他的幽默感。有些浮游的斑点阻挡他的视力，当大斑点晃过他的视野时，他会说："嘿！又是这个大家伙，不知道它今早要到哪儿去！"完全失明后，塔金顿说："我现在已接受了这个事实，也可以面对任何状况。"

为了恢复视力，塔金顿在一年之内得接受12次以上的手术，而且只能采取局部麻醉。他了解这是必需的，是不能逃避的，唯一能做的就是坦然地接受。他拒绝住私人病房，而和大家一起住在大众病房，想办法让大家高兴一点。当他必须再次接受手术时，他提醒自己是何等幸运："多奇妙啊，科学已进步到连人眼这样精细的器官都能动手术了。"

其实，生活中，我们每个人都可能存在着这样的弱点：不能面对苦难。但是，只要坚强，每个人都可以接受它。像本以为自己绝不能忍受失明的塔金顿一样，这个时候他却说："我不愿用快乐的经验来替换这次的体会。"他因此学会了接受，并相信人生没有任何事会超过他的容忍力。如塔金顿所说的，此次经验教导他"失明并不悲惨，无力容忍失明才是真正悲惨的"。

成功学大师卡耐基说："有一次我拒不接受我遇到的一种不可改变的情况。我像个蠢蛋，不断做无谓的反抗，结果带来无眠的夜晚，我把自己整得很惨。终于，经过一年的自我折磨，我不得不接受我无法改变的事实。"

面对不可避免的事实，我们就应该学着做到如诗人惠特曼所说的那样："让我们学着像树木一样顺其自然，面对黑夜、风暴、饥饿、意外与挫折。"

已故的爱德华·埃文斯先生，从小生活在一个贫苦的家庭，起初只能靠卖报来维持生计，后来在一家杂货店当营业员，家里好几口人都靠着他的微薄工资来度日。后来他又谋得一个图书管理员助理的职位，依然是很少的薪水。在8年之后，他借了50美元开始了他自己的事业，结果事业的发展一帆风顺，年收入达20000美元以上。

然而，可怕的厄运却突然间降临了。他替朋友担保了一笔数额很大的贷款，而朋友却破产了。祸不单行，那家存着他全部积蓄的大银行也破产了。他不但血本无归，而且还欠了1万多美元的债，在如此沉重的双重打击下，埃文斯终于倒下了。他吃不下东西，睡不好觉，而且生起了莫名其妙的怪病，整天处于一种极度的担忧之中，大脑一片空白。

有一天，埃文斯在走路的时候，突然昏倒在路边，之后就再也不能走路了。家里人让他躺在床上，接着他全身开始腐烂，伤口一直往骨头里面渗了进去。他甚至连躺在床上也觉得难受。医生只是淡淡地告诉他：只有两个星期的生命。埃文斯觉得既然厄运已降临到自己头上，只有平静地接受它。他静静地写好遗嘱，躺在床上等死，人也彻底放松下来，闭目休息。

时间一天一天过去，由于心态平静了，他不再为已经降临的灾难而痛苦，他睡得像个小孩子一样踏实，也不再无谓地忧虑了，胃口也开始好了起来。几星期后，埃文斯已能拄着拐杖走路，6个星期后，他又能工作了。只不过以前他一年赚20000美元，现在他一周赚30美元，但他已经感到万分高兴了。

他的工作是推销用船运送汽车时在轮子后面放的挡板，他早已忘却了忧虑，不再为过去的事而懊恼，也不再害怕将来，他把自己所有的时间、所有的精力、所有的热忱都用来推销挡板，日子又红火起来了，不过几年而已，他已是埃文斯工业公司的董事长了。

毫无疑问，埃文斯先生就是生活中的强者，原因在于他不仅能勇敢坚强地接受既定的现实带来的不幸和困境，而且能平静而理智地对待它、利用它。相反，那些始终试图改变既成事实的朋友，虽然看起来很辛苦、很努力，但他们的内心倒其实是软弱的。他们无法说服自己接受不幸和困境，他们选择了欺骗自己。

厄运的到来是我们无法预知的，面对它带来的巨大压力，怨天尤人只会使我们的命运更加灰暗。所以我们必须选择一种对我们有好处的活法，换一种心态，换一种途径，才能不为厄运的深渊所淹没。

当初，发明汽车轮胎的人要制造一种轮胎，能在路况很差的地方行驶，抗拒坎坷和颠簸。开始情况不甚理想，失败连连，但经过不懈地探索试验，他们终于生产出了这样的轮胎。它既能承受巨大的压力，又能抗拒一切的碎石块和其他障碍物的阻碍。做人也应与好的轮胎一样，只有能接受一切，并且勇敢前进，才能通过人生的坎坷，走得更远。

无论人生有多少波折，都会有摆渡的船

有人说，人之所以哭着来到这个世界，是因为他们知道，从这一刻起便要开始经受苦难——一句话道出了多少人的心声！是啊，我们的人生确实很苦，苦得让人忍不住想哭。那么，你想哭，就哭吧！尝尝阔别已久眼泪的滋味，就当是一种发泄，就当是一种调节。可是，人的一生不能在哭泣中度过，发泄过后，你是不是该仔细思考一下：怎样才能让我们的人生走出困境，焕发出绚丽的色彩，让自己在生命的最后能够笑着离开？这，需要一种积极的心态。

我们这一辈子，它短暂也好、漫长也好，都需要我们用心去感悟、用心去品味、用心去经营。人生是一个在摸索中前进的过程，既然是摸索，就免不了有失误，免不了要受挫折。事实上，

没有人能够不受一丝严寒、不受一丝风霜地走完人生。只不过，在相同的情况下，人们不同的心态决定了各自的人生成败。

其实，生活的现实对于我们每个人来说都是一样，但一经各人不同"心态"的诠释后，便有了不同的意义。心态改变，则事实就会改变；心中是什么，则世界就是什么。心里装着哀愁，眼里看到的就全是黑暗。只有抛弃已经发生的令人不痛快的事情或经历，才会迎来新心情下的乐趣。

也就是说，心情的颜色会影响世界的颜色。如果我们对生活抱有一种达观的态度，就不会稍不如意便自怨自艾，只看到生活中不完美的一面。我们身边大部分终日苦恼的人，实际上并不是遭受了多大的不幸，而是他们的内心素质存在着某种缺陷，对生活的认识存在偏差。

有位朋友前去友人家做客，才知道友人3岁的儿子因患有先天性心脏病，最近动过一次手术，胸前留下一道深长的伤口。

友人告诉他，孩子有一天换衣服，从镜中看见疤痕，竟骇然而哭。

"我身上的伤口这么长！我永远不会好了。"她转述孩子的话。

孩子的敏感、早熟令他惊讶，而友人的反应则更让他动容。

友人心酸之余，解开自己的裤子，露出当年剖腹产留下的刀口给孩子看。

"你看，妈妈身上也有一道这么长的伤口。"

"因为以前你还在妈妈的肚子里的时候就生病了，没有力气出来，幸好医生把妈妈的肚子切开，把你救了出来，不然你就会死在妈妈的肚子里面。妈妈一辈子都感谢这道伤口呢！"

五、平心静气，安抚无谓的焦虑

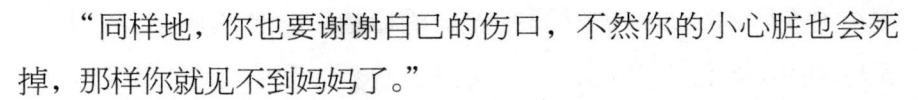

"同样地，你也要谢谢自己的伤口，不然你的小心脏也会死掉，那样你就见不到妈妈了。"

感谢伤口！——这四个字如钟鼓声直撞心头，那位朋友不由低下头，检视自己的伤口。

它不在身上，而在心中。

那时，这位朋友工作屡遭挫折，加上在外独居，生活寂寞无依，更加重了情绪的沮丧、消沉，但生性自傲的他不愿示弱，便企图用光鲜的外表、悍强的言语加以抵御。隐忍内伤的结果，终至溃烂、化脓，直至他发觉自己已经开始依赖酒精来逃避现状，为了不致一败涂地，才决定结束这颓败的生活，辞职搬回父母家。

如今伤势虽未再恶化，但这次失败的经历却像一道丑陋的疤痕，刻画在胸口。认输、撤退的感觉日复一日地变得强烈，自责最后演变为自卑，使他彻底怀疑自己的能力。

好长一段时日，他蛰居家中，对未来裹足不前，迟迟不敢起步出发。

而今，朋友让他懂得从另一方面来看待这道伤口：庆幸自己还有勇气承认失败，重新来过，并且把它当成时时警醒自己、匡正以往浮夸、矫饰作风的记号。

他觉得，自己要感谢朋友，更要感谢伤口！

我们应该佩服那位妈妈的睿智与豁达，其实她给儿子灌输的人生态度，于我们而言又何尝不是一种指导？人生本就是这样——它有时风雨有时晴，有时平川坦途，有时也会撞上没有桥的河岸。苦难与烦恼，亦如三伏天的雷雨，往往不期而至，突然飘过来就将我们的生活淋湿，你躲都无处可躲。就这样，我们被淋

· 117 ·

湿在没有桥的岸边，被淋湿在挫折的岸边、苦难的岸边，四周是无尽的黑暗，没有灯火、没有明月，甚至你都感受不到生物的气息。于是，我们之中很多人陷入了深深的恐惧，以为自己进入了人间炼狱，唯唯诺诺不敢动弹。这样的人，或许一辈子都要留在没有桥的岸边，或者是退回到原点，也许他们自己都觉得自己很没有出息。

但有些人则不然！正在攻读博士学位，却患上"帕金森症"，无法言语、无法动弹的史蒂芬·霍金，原本万念俱灰，他觉得自己被上帝判了死刑。但有一天他突然意识到，如果还能活着，他还能做许多有价值的事情。于是他点亮了自己的心灯，给自己折了一只思想的船，驶进了神秘的宇宙，去探索星系、黑洞、夸克、"带味"的粒子，"时间"的箭头……

我们就是希望一些朋友能够像霍金先生那样，在醒悟以后丢掉自己的懦弱，趁着年华还在，点燃心灯，照亮河岸，折只船，将自己摆渡到河的对岸。这只船，承载的可以是你的求生本能，可以是你的某种希望。

如果说，现实已然无法改变，那我们就改变自己，平安是福，但谁也不可能平安一生，这生活总是要过的，我们犯不着与生活闹脾气。与其给自己拧上一个心结，不如好好享受这个过程——不是在眼泪中沉沦，而是在磨难中拼搏。当然，我们未必能够得到想要的结果，但只要你用心努力过，这就够了，没有成功也是收获。倘若我们将追求成功看作是开花结果，那毫无疑问，成功就是果实，追求就是从种子到花开、到结果的美丽过程。但事实上，并不是每一朵花开都有果实收获，人生只要绽放过美丽，我们就足以在生命的最后一刹那依旧满面笑容。

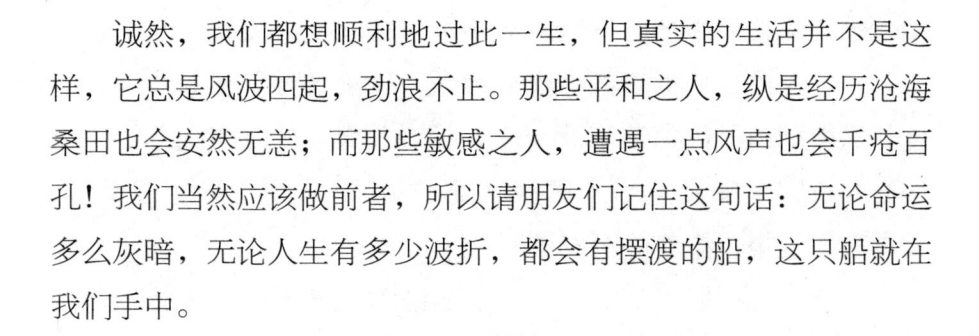

诚然,我们都想顺利地过此一生,但真实的生活并不是这样,它总是风波四起,劲浪不止。那些平和之人,纵是经历沧海桑田也会安然无恙;而那些敏感之人,遭遇一点风声也会千疮百孔!我们当然应该做前者,所以请朋友们记住这句话:无论命运多么灰暗,无论人生有多少波折,都会有摆渡的船,这只船就在我们手中。

把自己打造成顽强的石头

人生在世,很多事情确实不由我们自己做主。一部分人生于富贵之家,自幼锦衣玉食,享受着"高等教育",似乎无须刻意去奋斗,就能够得到比普通人更多的收获。

然而,这毕竟只是少数人的待遇,多数情况下我们会降生在一个平凡人家。因此我们注定要比那些"天之骄子"多付出几倍,甚至是几十倍的努力。但即便如此,你也绝不能怨天尤人、得过且过,将大好的青春白白浪费。

事实上,很多成功人士的人生起点同样很低,但他们能够把这种"不公"转换成动力,在平凡的起点上,铆足劲攀上不平凡的高度。而这些人成功的关键因素就是,他们对于生活的良好心态。

罗伯特·巴拉尼年幼时不幸患上骨结核病,由于贫困没钱医治，他的膝关节最终落下残疾——永久性僵硬。父母为儿子感到伤心，巴拉尼当然也痛苦至极。然而，尽管当时只有七八岁，但他却懂得把自己的痛苦隐藏起来，他对父母说："你们不要为我伤心，我完全能做出一个健康人的成就。"听到儿子的这番话，父母悲喜交集，抱着他泪流满面。

从此，巴拉尼狠下决心，一定要证明自己不比别人差！父母为儿子的坚强、"好胜"大感欣慰，他们每天交替接送巴拉尼上下学，10余年风雨无阻！巴拉尼也没有辜负父母的心血，没有忘掉自己的誓言，从小学至中学，他的成绩一直在同年级学生中名列前茅。

18岁时，巴拉尼考入维也纳大学医学院，并最终获得了博士学位。大学毕业以后，作为一名见习医生，他留在了维也纳大学耳科诊所工作，由于工作努力，颇受该大学医院著名医生——亚当·波利兹的赏识。于是，波利兹对巴拉尼的工作和研究给予了热情的指导。此后，巴拉尼对眼球震颤现象进行了深入研究，经过多年努力，他发表了题为《热眼球震颤的观察》的研究论文。这篇论文的发表，受到了医学界的广泛关注和认同，耳科"热检验法"就此宣告诞生。在此基础上，巴拉尼再度深入钻研，通过实验最终证明了内耳前庭器与小脑有关，从此奠定了耳科生理学的基础。

后来，亚当·波利兹病重，他将自己主持的耳科研究所事务及维也纳大学耳科医学教学任务，全部交给了巴拉尼。繁重的工作给了巴拉尼很大压力，但他没有畏惧，他在出色完成工作之余，仍继续着对自己专业的深入研究。几年以后，巴拉尼先后发表了《半规管的生理学与病理学》《前庭器的机能试验》两本著作，基于他在科研领域的突破性贡献，奥地利皇家决定授予他爵位殊荣。后来，巴拉尼又斩获了诺贝尔生理学及医学奖。

巴拉尼一生共计发表科研论文184篇，曾医治好诸多耳科绝症患者。为纪念他的卓越成就，医学界探测前庭疾患试验、检查小脑活动及与平衡障碍有关的试验，都是以他的姓氏命名的。

巴拉尼的起点如何？——家庭贫困且自幼残疾，其境况简直可以用"悲惨"来形容！然而，正是困境对于他的激励，才使其心生斗志，并最终取得了堪称伟大的成就。试想一下，假如他在困境面前消沉退缩会怎样？他或许只能在贫困的深渊中越陷越深。幸运的是，他没有这样做，他在父母的帮助以及自己的努力下，用正确的生活态度和规律调整着自己的奋斗方向。这样，一条康庄大道出现在了他的眼前，将他引出困境，引向一条更有价值、更有意义的人生之路。

所以朋友，请改变你的心态：

请不要再抱怨自己的出身，别把它当成一种不幸。这或许更是一种历练，逆境虽然不能令每一个人成为巴拉尼，但它确实造就了很多生活中的强者，造就了很多成功人士。要知道，命运只是负责发牌，而打牌的却是我们自己，无论何时你都有主宰自己命运的权利。

有这样一个故事：

很多年前，美国的一个小男孩与家人一起打牌，他连续抓了几次烂牌，而且都输了，这时，他开始抱怨自己的手气太差、运气不好。他的母亲听到这些，放下手中的牌，严肃、认真地对小男孩说："不管你抓的牌怎样，你都必须要接受它，并且要尽最大的努力将牌打好！"小男孩看着母亲那郑重其事的面孔，有些发愣，似懂非懂地点了点头。他的母亲继续说道："人生也是这样,上帝为每一个人发牌,牌的好坏根本不由自己选择,但我们可以用好的心态去接受现实,并竭尽全力,让手中的牌发挥出最大的威力,赢得最好的局面。"

母亲的这番教诲被小男孩一直牢记心上,从此以后,他不再抱怨自己的命运,他总是能以良好的心态去迎接人生的每一次挑战。良好的心态造就了他的人生,他克服人生中的困难,一步步地成为陆军中校、盟军统帅、美国总统。

他就是美国第 34 任总统——艾森豪威尔。

看看那些成功者,再想想我们自己,是不是应该保持一颗乐观的心,用它来驱散焦虑?事实上,就算你恼、你恨、你哭、你怨,既成事实也不能改变。而你唯一能改变的是你将来的命运。所以,我们需要秉持一种乐观的心态,向着自己的目标一直坚强地奋斗下去。不要让坏心态阻碍我们的成长,不要让坏心态阻碍我们的成功。事实上,没有什么能剥夺我们追求幸福的权利。我们要形成这样一种认知——在没有家庭背景、没有他人的帮扶下取得成功,这更令人欣慰。我们要激发的就是这种乐观地追求成功的心态,把自己打造成一个顽强的石头。

别受情绪影响,做乐观的自己

想问问朋友们,你是否见过一帆风顺的人?事实上,这样的人真的很少。而且,如果人的一生都在平静中度过,没有一丝的

五、平心静气，安抚无谓的焦虑

起落和波澜，那么他或许会因此而深感遗憾。困难和挑战一个接一个地接踵而至，无论是成功还是失败，都不过是生命的一个过程。这时候，我们不应该皱起自己的眉头，而应用一颗乐观向上的心去期盼明天的太阳。太阳每一天都会从东方升起，千万年来从未间断过，当然明天，明天的明天也是如此……

当困难来临的时候，你的反应是怎样的呢？多少年的风风雨雨，虽说人生可能没有什么大起大落，但至少也经历了一些波澜。很多成功的人把乐观的心态渗入了自己的骨髓，在他们眼中困难和挑战不是什么了不起的大事，而仅仅是一个有待于解决的问题。也许自己这张答卷不是最好的，但却是最认真的，倾尽全力的。在人生的道路上，不管出现了什么样的问题，只要尽力了就好。当你怀着一颗乐观的心面对这个世界的时候，世界也会同样给你一个灿烂的笑容。就像一位著名的政治家说的那样："要想征服世界，首先要征服自己的悲观。"在人生中，悲观的情绪是不可避免的。如果能够战胜悲观的情绪，用开朗、乐观的心态支配自己的生命，你就会发现生活有趣得多。悲观就好比是一个幽灵，能征服自己的悲观情绪的人，往往能征服世界上许多困难的事情。尽管人生中悲观的情绪不可能完全不存在，但最要紧的事情是我们要用自己乐观的心去击败它，征服它。

20世纪的女作家张爱玲的一生完整地注释了悲观给人带来的负面影响是多么巨大。张爱玲一生聚集了一大堆矛盾，她是一个善于将艺术生活化、生活艺术化的人，又是一个对生活充满悲剧感的人；她是名门之后、贵族小姐，却宣称自己是一个自食其力的小市民；她悲天悯人，时时洞见芸芸众生"可笑"背后的"可怜"，却在实际生活中显得冷漠寡情；她在20世纪40年代的上海大红大紫，几十年后，她在美国又深居简出，过着与世隔绝的生活。所以有人说："只有张爱玲才可以同时承受灿烂夺目的喧闹与极度的孤寂。"

这种生活态度的确不是普通人能够承受和理解的，但用现代心理学的眼光看，其实张爱玲的这种生活态度源于她始终抱着一种悲观的心态活在世间，这种悲观的心态让她无法真正地融入生活，因此她总在两种生活状态里不停地左右徘徊。

张爱玲悲观苍凉的色调，深深地沉积在她的作品中，使其作品产生了巨大而独特的艺术魅力。但无论作家用怎样流利俊俏的文字，写出怎样可笑或传奇的故事，终不免露出悲音。那种渗透着个人身世之感的悲剧意识，使她能与时代生活中的悲剧氛围相通，从而在更广阔的历史背景下臻于深广。

张爱玲所拥有的深刻的悲剧意识，并没有把她引向西方现代派文学那种对人生彻底绝望的境界。

个人气质和文化底蕴最终决定了她只能回到传统文化的意境，且不免自伤自恋，因此在生活中，她时而在世俗的喧嚣中沉浸，时而又陷入极度的寂寞中，最后孤老死去。

张爱玲的悲剧人生让我们看到了悲观对一个人的戕害是多么惨重。现实生活中，不止文豪有这样的悲观情绪，平常的人也会经历这样的心情。所以希望大家多从积极乐观的角度去思考问题，这样才会有好的结局。如果我们用乐观的态度对待人生，你就可以看到"青草池边处处花""百鸟枝头唱春山"，但若是用悲观的态度对待人生，举目只是"黄梅时节家家雨"，低眉即听"风过芭蕉雨滴残"。譬如打开窗户看夜空，有的人看到的是星光璀璨，夜空明媚；有的人看到的是黑暗一片。一个心态乐观的人

五、平心静气，安抚无谓的焦虑

可在茫茫的夜空中读出星光的灿烂，增强自己对生活的自信，一个心态悲观的人让黑暗埋葬了自己且越埋越深。

从某种角度来说，微笑是乐观击败悲观的最有力武器。无论你的生命走到了什么样的地步，都不要忘记自己还可以微笑着看待眼前的一切。只要你微笑，厄运就会离你而去，渐渐消失；只要你微笑，你的生命就能将种种不利于你的局面一点点破除；只要你微笑，代表幸福的阳光就能照射在你的身上，使你整个身体都充满力量，使你的每一天都在激情与快乐中安然度过。

但是，守住乐观心态并不是一件容易的事情，悲观在寻常的日子里随处可以找到，而乐观则需要我们通过努力，通过智慧，才能使自己长久保持在一种人生处处充满生机的状态。悲观使人生的路愈走愈窄，乐观使人生的路愈走愈宽。作为一个成熟的人，选择乐观的态度对待人生是一种智慧。在诸多无奈的人生关卡里，仰望夜空看到的是闪烁的星斗；俯视大地，大地是绿了又黄，黄了又绿的草原美景……这种乐观就是坚韧不拔的毅力支撑起来的一片靓丽景观。

一个人的情绪受环境的影响，这是很正常的，但你苦着脸，一副苦大仇深的样子，对环境并不会有任何的改变，相反，如果微笑着去生活，那会增加亲和力，别人更乐于跟你交往，得到的机会也会更多。只有心里有阳光的人，才能感受到现实的阳光，如果连自己都常苦着脸，那生活怎能变得美好起来？其实，生活始终是一面镜子，照到的是我们的影像，当我们哭泣时，生活也在哭泣，当我们微笑时，生活也会跟着微笑起来。

为明天的快乐而活，为自己而活

"不管怎样，明天又是全新的一天。"，相信每一个读过美国作家玛格丽特·米切尔的《飘》的人，都会记得主人公思嘉丽在小说中多次说过的这句话。在面临生活困境与各种难题的时候，她都会用这句话来安慰和鼓励自己，并从中获取巨大的力量。

和小说中思嘉丽颠沛流离的命运一样，我们一生中也会遇到各种各样的困难和挫折。面对这些一时难以解决的问题时，逃避和消沉是解决不了问题的，唯有以阳光的心态去迎接，才有可能最终解决它们。阳光的人每天都拥有一个全新的太阳，积极向上，并能从生活中不断汲取前进的动力。

克瓦罗先生不幸离世了，克瓦罗太太觉得非常颓丧，而且生活瞬间陷入了困境。她写信给以前的老板布莱恩特先生，希望他能让自己回去做以前的老工作。她以前靠推销世界百科全书过活。两年前她丈夫生病的时候，她把汽车卖了。于是她勉强凑足钱，分期付款才买了一部旧车，又开始出去卖书。

她原想，再回去做事或许可以帮她摆脱她的颓丧。可是要一个人驾车，一个人吃饭，几乎令她无法忍受。而且，虽然分期付款买车的数目不大，却很难付清。

| 五、平心静气，安抚无谓的焦虑 |

第二年的春天，她在密苏里州的维沙里市，见那儿的学校都很穷，路很破，很难找到客户。她一个人又孤独又沮丧，有一次甚至想要自杀。她觉得成功是不可能的，活着也没有什么希望。每天早上她都很怕起床面对生活。她什么都怕，怕付不出分期付款的车钱，怕付不出房租，怕没有足够的东西吃，怕她的健康情形变坏而没有钱看医生。让她没有自杀的唯一理由是，她担心她的姐姐会因此而觉得很难过，而且她姐姐也没有足够的钱来支付自己的丧葬费用。

然而有一天，她读到一篇文章，使她从消沉中振作起来，使她有勇气继续活下去。她永远感激那篇文章里那一句令人振奋的话："对一个聪明人来说，太阳每天都是新的。"她用打字机把这句话打下来，贴在她的车子前面的挡风玻璃上，这样，在她开车的时候，时刻都能看见这句话。渐渐地，她学会忘记过去，每天早上都对自己说："今天又是一个新的生命。"终于，她成功地克服了内心的恐惧。她现在很快活，也还算成功，并对生命抱着热忱和爱。她现在知道，不论在生活上碰到什么事情，都不要害怕，因为"对一个聪明人来说，太阳每天都是新的"。

在日常生活中可能会碰到极令人兴奋的事情，也同样会碰到令人消极的、悲观的事情，这本来应属正常。如果我们的思维总是围着那些不如意的事情转动的话，那么很容易疲惫沮丧。因此，我们应尽量做到脑海想的、眼睛看的以及口中说的都是光明的、乐观的、积极的，相信每天的太阳都是新的，明天又是新的一天，发扬往上看的精神才能在我们的事业中获得成功。

其实无论是快乐抑或是痛苦，过去的终归要过去，强行将自己困在回忆之中，只会让你备感痛苦！无论明天会怎样，未来终会到来，若想明天活得更好，你就必须以积极的心态去迎接它！你要知道——太阳每天都是新的！

六、除掉妄念，便可以安定心绪

追求舒适、追求享受是人的本能，但也要有所节制。不论追求什么，总要适可而止，不管买什么鞋子，合脚才是最重要的。欲望就像水一样，适当就好，多了就会泛滥成灾。我们之所以活得累，往往就是因为妄念太多，把欲望误认为需要，使自己疲于奔命，越陷越深。要知道，给鸟翼系上黄金，鸟就飞不起来了。

妄念：荼毒心灵，伤害本性

我们的大脑犹如一个大容器，装进什么样的信息就储存什么样的信息。如果人通过各种信息渠道得到的都是暴力、色情、拜金主义及利益争斗，这些不良信息就会在人的大脑中产生各种妄念，而且这些妄念不会自生自灭，经过一段时间之后会逐渐形成固定的观念长久地占据人的大脑。清除妄念的最好方法就是大量地接受真诚、善良、宽容等良性信息，以人的正念取代脑中的妄念与邪念。

妄念，又称为"妄想"。例如，当我们脑子里不断想事情，种种念头、种种幻想、公事私事、人我是非、陈年往事，就会像过电影一样一幕一幕地过去，又像奔流不息的瀑布，没有一分一秒停止。这时，我闪心中有很多割舍不下的事或物，那么妄念是很难被清除的。

对待妄念，我们要记住两个词：一个是"不忘"，另一个为"不起"。不忘"见宗自相光明"，不起"遮遣、成立、取舍"等心，这是最重要的。这样，妄念突起时，不压制它、不随它跑，不产生任何爱憎、取舍之心，才能感悟到逍遥人生。

有这样一个故事，颇具警示意义，我们大家来看一下：

从前有一位名叫金碧峰的高僧，他有很深的禅定功夫，已经

六、除掉妄念，便可以安定心绪

达到了无念的境界，只要一入定，任何人都找不到他。

有一天，皇帝送他一个紫金钵。他心里非常高兴欢喜，于是对钵起了贪爱之念。

一日，金碧峰的阳寿将尽，阎罗王便派了两个小鬼前来索命，可是任他们东寻西找，就是找不到金碧峰的魂魄！

两小鬼不知道该怎么办。于是，去找土地帮忙，土地对小鬼说："金碧峰已经入定了，你们根本找不到他。"

两小鬼央求土地为他们出个主意帮帮他们，否则回去没法向阎罗王交差。

土地想了想说："金碧峰他什么都不爱，就爱他的紫金钵，如果你们想办法找到他的紫金钵，轻轻地弹三下，他自然就会出定。"

于是，两个小鬼东找西找，找到了紫金钵，轻轻地弹了三下。

紫金钵一响，果然，金碧峰出定了！并说："是谁在碰我的紫金钵？"

小鬼就说："你的阳寿尽了，现在请你到阎王爷那儿去报到。"

金碧峰心想："糟了！自己修行这么久，结果还是不能了脱生死，都是贪爱这个钵害的！"

于是，就跟小鬼商量："我想请一会儿假，去处理一点事情，处理完后，我马上就跟你们走。"

小鬼说："好吧！"

于是，金碧峰将紫金钵往地上一摔，砸得粉碎。然后，双腿一盘，又入定去了。这一回，任两个小鬼再怎么找，也找不到他了。

其实人人都有妄念，只是我们应该对它有所控制，不要让它伤害了我们的本性、我们的生活。须知，这个尘世间全部妄念、一切物象——金钱、名位、功勋，对于生命而言，不过是一抹尘烟。心乱则妄念必至，心静则一片澄净。把握人生方向的，不是别的，就是心。我们的心原本纤尘不染，只因为外界的物象所迷惑，才如明镜蒙尘一般，晦暗不清。

所以有必要给大家提个醒：我们的心若思人间善事，心便是天堂，思人间恶事，心便堕为地狱；生人间慈悲，处处皆菩萨，生龌龊欲念，人便沦为牲畜；心中有智慧，则无处不乐土，心中多愚痴，则处处是桎梏。

给鸟儿的翅膀缚上金子，它便不能直冲云霄

朋友们不妨检视一下自己的内心，看看有多少嗔念、妄念徘徊不散，看看有多少不良情绪纠结其中？拜这些杂念所赐，我们亦如波涛上摇曳的一叶扁舟，时而被高高抛起，瞬间又猛然落下。于是我们想静，静不下，心乱如麻；想睡，睡不着，辗转反侧；想放，放不下，患得患失……心思烦乱，片刻不得安宁。

这便是所谓的浮躁，如果说你我不幸感染了这种情绪，倘若不能建立一种智慧的人生观，那么是无法将其消除的。读到这

六、除掉妄念，便可以安定心绪

里，或许有朋友迫不及待地要问——"怎样才能建立智慧的人生观？"在这方面，我们可以参照一下佛家的做法，佛家要求他们的弟子守戒律，其实就是要求他们生活简约、内心简约，以达到"有止有观"的境界。所谓"止"，便是将心持续关注在一个对象上，借此修行专注力与稳定性，当"止"有所成，便可以进一步修"观"了。做一个通俗的比喻，我们的心就如一汪潭水，当其中杂质沉淀以后，它便变得清澈，便可照物。而此时，即便再有杂草飘落，就会显得非常清楚，并不会使潭水泛起波澜。

不过，对于我们这些普通人而言，要达到这种境界是有一定难度的。因为在人生旅途中，有太多的未知因素影响着我们，这其中既有顺境亦有逆境。或许此时，我们风生水起、无往不利；或许彼时，我们步履艰难、如履薄冰。这一起一落、一得一失中，我们的心很可能变乱了，于是开始茫然，开始不安，这也是人之常情。是的，我们生活在红尘中，不可能绝七情、断六欲，让心如一汪死水，波澜不惊，而且我们也不提倡大家将自己刻意塑造成"木头人"，这未免有些极端，也会让我们丧失生活的乐趣。我们只是希望朋友们能够对人生中的林林总总多一份淡定，别把一切看得太重，莫管是得是失、是惊是奇、是悲是喜、是爱是恨，都把它控制在一个合理的范畴之内，凡事保持"任凭风浪起，稳坐钓鱼船"的态度，将心置于淡定之中，不随外物流转而大起大落，这样，我们的生活就会潇洒许多。反之，若是因事躁乱不定，便被混沌笼罩，会让我们丧失智慧。

邻居老孙祖辈以屠猪卖肉为生，至他时已传承三代，在30年的卖肉生涯中，他练就了"一刀准"的绝技。他在卖肉时，身旁虽放有一台电子秤，但却很少用到。有人买肉，只要说出斤两，他便笑眯眯地点点头，说声"好嘞！"手起刀落，再用刀尖轻轻一挑，猪肉在空中划过一道弧线，便稳稳地落在张开的塑料袋中，然后自信地说一声："保证分毫不差，少一两，赔一斤！"有人不信，将肉放在电子秤上一称，果然是分毫不差。

有一年，电视台举办"绝技"挑战大赛。于是便有邻居劝他："你那'一刀准'绝对称得上是绝技，如果你去参赛，捧个头奖准不成问题。"老孙心动了，依言去报了名。

比赛那天，主持人宣布："现在请孙师傅给我一刀切2斤7两肉，要一两不多，一两不少。如果切准了，那2万元奖金就属于您了！"老孙闻言点了点头，小心翼翼地拿起切刀，但他左比量右比量，却迟迟不敢下手，额头上甚至还渗出了细细的汗珠。过了片刻，在主持人的一再催促之下，他咬紧牙，一刀切了下去。而后放在电子秤上一称——2斤8两半，整整多出1两半……

老孙原本精湛无双的刀艺，为何会在这一刻失准呢？很明显，就是那2万元奖金扰乱了老孙的心神，令他无法淡定，因而失去了真实水准。

事关自身利益，人们往往会患得患失，如果过分在意这些，我们就很难安下心来做事了。通过邻居老孙的故事我们应该认识到——人，无论在何种情况下，都应该尽量保持平常心。因为浮躁这种情绪，无疑是我们成功路上最大的绊脚石，人一旦浮躁起来，就会进入一种应激状态，火气变大，神经越发紧张，久而久之便演化成一种固定性格，使人在任何环境下都无法平静，导致我们在无形中做出很多错误的判断，造成诸多难以弥补的损失。长此以往，便会形成一种恶性循环，终使我们被淹没于生活的急流之中。所以，朋友们若想在人生中有所建树，首先就要平心静气。

记得印度著名诗人泰戈尔曾经说过:"给鸟儿的翅膀缚上金子,它就再也不能直冲云霄了。"我们有时就像是诗人口中的那只鸟儿,当我们的翅膀被各种杂念、琐事束缚之时,我们便再也不能飞到更高远的空中去,我们就会在人生的道路上迷失方向。而当我们的内心淡定时,我们才有能力看清其中的一切活动,在每个杂念生起的时候,我们都能看得明明白白。因为明白,便不会盲从、不会烦乱。只要我们对杂念保持警醒、保持距离,便有能力化解它。

事实上,这种能力是我们每个人都具备的,而佛家倡导人修行,便是希望能够帮助迷失的人唤醒心灵力量。当然,我们不必出家,只要你能结合自己的人生阅历,在妄念起时设法使自己淡定下来,用理性的目光去观察人生百态,便可最大限度地除去幻想,躲过人生中的暗礁与陷阱,避免走上歧路。

总而言之,人生在世,必要时,我们需要在心中添上一把柴,以使希望之火燃得更加旺盛;有些时候,我们又要在心中加一块冰,让自己沸腾的心淡定下来,剔除那些不切实际的妄想。其实,只要我们能够真正静下心来,我们就一定会比现在好得多。

我们本是平常人，就该有颗平常心

我们需要一份定力，不因荣而骄，亦不因辱而躁，宠辱不惊，保持平常心。这是人生的一种境界，它不是平庸，它是来自灵魂深处的表白，是源于对现实清醒的认识。人生在世，不见得都会威风八面，也就是说最舒心的享受不一定是荣誉的满足，而是性情的安然与恬淡。因此，宠辱不惊，用一颗平常心去对待、解析生活，我们才能领悟到生活的真谛。

其实，我们本就很平常——平常的人、平常的生命、平常的生活。只是有些时候，我们的心"不平常"了，刻意去追求一些虚无的东西，或者说我们把一些无谓的东西看得过重，于是我们开始忧喜交加。这很不好，这会让我们的身心承载过大的负荷，所以多数时候，我们活得很累。大家看看那些悟透人生真谛的人，他们就不会这样，他们总是把心放在平常处，不以物喜，也不以己悲，所以他们活得总是那么恬然。

居里夫人想必大家都知道，她曾两度获得诺贝尔奖，她的人生态度是怎样的呢？——得奖出名之后，她照样钻进实验室里，埋头苦干，而把象征成功和荣誉的金质奖章给小女儿当玩具。一些客人眼见此景非常惊讶，而居里夫人却淡然地笑了，她说："我要让孩子们从小就知道，荣誉就像玩具一样，只能玩玩罢了，

六、除掉妄念，便可以安定心绪

绝不能永远地守着它，否则你将一事无成。"

多么精辟的话，不管是荣誉还是其他，你若是把它看得太重，一心想着它、念着它，对它的期望过高，那么心就一定会乱。于是，做出一点成绩便沾沾自喜、扬扬自得，受了挫折就垂头丧气、呼天抢地。试想，在这样的状态下，我们又怎能安心做事？所以说，人还是随性一些好，让心中多一点得失随缘的修为，这样，纵使身处逆境，我们依然能够从容自如，以超然的心情看待苦乐年华，以平常的心情面对一切荣辱，这也就是人们常说的"宠辱不惊"。人生在世，生活中有褒有贬，有毁有誉，有荣有辱，这是人生的寻常际遇，不足为奇。但我们对于这些事情的态度却需要有所注意。有一些人，面对从天而降的灾难，处之泰然，总能使平和和开朗永驻心中；也有一些人，面对突变而方寸大乱，甚至一蹶不振，从此浑浑噩噩。为什么受到同样的心理刺激，不同的人会产生如此大的反差呢？原因在于能否保持一颗平常心，宠辱不惊。

著名女作家冰心曾亲笔写下这样一句话："有了爱就有了一切。"看到这句话，不禁让人感到一种身心的净化，受到一种圣洁灵魂的感染。在冰心的身上，永远看到的是一个人生命力的旺盛，看到的是在思考、在奋斗的年轻、从容的心。"文革"中，冰心在中国作协扫了两年厕所，60多岁的老人每天早上6点赶车上班。老了之后尽管行动不便，每早起床仍大量阅报读刊，了解文坛动态，然后就握笔为文，小说、散文、杂文、自传、评论、序跋，无所不写。在遗嘱里她还写下了这样的句子："我悄悄地来到这个世上，也愿意悄悄地离去。"

这才是淡定的人生——成功时不心花怒放，莺歌燕舞，纵情狂欢；失败时也绝不愁眉紧锁，茶饭不思，夜不能寐。拥有了一颗平常心，我们就拥有了一种超然、一种豁达，故达观者宠亦泰然，辱亦淡然。成功了，我们就向所有支持者和反对者致以满足的微笑；失败了，我们就转过身揩干痛苦的泪水。这样，你做不做得到？

事实上只要想明了、悟透了，我们每个人都做得到。我们根本不需要在意外界带给我们的挫折，就算我们现在身份卑微，也不必愁眉苦脸，完全可以快乐地抬起头，尽情享受阳光；就算我们没有骄人的容貌，也不必怨天尤人，完全可以保持一种积极的人生态度。也就是说，我们根本不必去羡慕别人，只要我们拥有一份平和的心态，尽自己所能，选择自己的人生目标，勇敢地面对人生的各种挑战，无愧于社会、无愧于他人、无愧于自己，那么，我们的人生就是坚实厚重的。

当然，保持平常心不是要我们彻底地安于现状。人类的伟大在于永不休止地追求和渴望，历史的嬗变在于千百万创造历史的人们永无休止地劳作。我们可以这样去理解，生命是一个过程，而生活是一条小舟。当我们驾着生活的小舟在生命这条河中款款漂流时，我们的生命乐趣，既来自对伟岸高山的深深敬仰，也来自对草地低谷的切切爱怜；既来自与惊涛骇浪的奋勇搏击，也来自对细波微澜的默默深思。这就是平常心。

六、除掉妄念，便可以安定心绪

不为物欲所累，追求心灵上的富足

自然界的沧桑陵谷，万物的生老病死，冥冥中自有注定，一切尽在生住异灭之中。你看那果子似未动，实则时刻皆在腐朽之中。纵使是人类赖以生存的地球，再历亿万年，也终将毁灭。名利、地位、金钱，莫不如是。既如此，我们又何必为物欲所累，惶惶不可终日呢？须知，纵使金银砌满楼，死去何曾带一文？

相传很早以前有一位国王，名叫难陀。他非常贪心，拼命聚敛财宝，希望把财宝带到他的后世去。他心想：我要把全国的珍宝都收集起来，一点都不留。因为贪婪，他把自己的女儿放在楼上，吩咐奴仆说："如果有人带着财宝来求我的女儿，把这个人连他的财宝一起送到我这儿来！"他用这样的办法聚敛财宝，全国没有一个地方留有宝物，所有的财宝都进了国王的仓库。

那时有一个寡妇，她只有一个儿子，心中很是疼爱。这个儿子看见国王的女儿姿态优美，容貌俏丽，很动心。可他家里穷，没法结交国王的女儿。不久，他生起病来，身体瘦弱，气息奄奄。他母亲问他："你害了什么病，病成这样？"

儿子把实情告知母亲："如果不能和国王的女儿交往，我必死无疑。"

"但国内所有的财宝都被国王收去了，到哪儿弄钱来呢？"母亲又想了一阵，说道："你父亲死时，口中含了一枚金币，如果把坟墓挖开，可以得到那枚金币，你用它去结交国王的女儿吧。"

儿子依母亲所言，挖开父亲的坟墓，从父亲口中取出金币。随后，他来到国王女儿那里。于是，他连同那枚金币被送去见国王。国王问道："国内所有的财宝都在我的仓库，你从哪里得来这枚金币？一定是发现地下宝藏了吧！"

国王用尽种种刑具，拷问寡妇的儿子，想问出金币的来处。寡妇的儿子辩解："我真没有发现地下宝藏。母亲告诉我，先父死时，放过一枚金币在口中，我就去挖开坟墓，取出了这枚金币。"

于是，国王派人去检验真假。使者前去，发现果有其事。国王听到使者的报告，心想：我先前聚集这么多宝物，想把它们带到后世。可那个死人却连一枚金币也带不走，我要这些珍宝又有何用？

从此，国王不再敛财，一心教化民众，他的国家也因此日渐兴盛。

为人，应淡看富与贵。要知道，有所求的乐，如腰缠万贯乃至一国之尊的富贵，是混沌和短暂的；无所求的乐，即"身心自由无欲求"的富贵心态，才是一种纯粹、永恒的乐。人生中真正有价值的，是拥有一颗开放的心，有勇气从不同的角度衡量自己的生活。那样，你的生活才会不断更新，你的每一天都会充满惊喜。

有这样一个富翁，他为了让自己那整日精神不振的孩子懂得知福、惜福，便将其送到当地最贫穷的村落去住了一个月。一个月后，孩子精神饱满地回来，脸上并没有带着被"下放"的不

六、除掉妄念，便可以安定心绪

悦，这让富翁感到很是不可思议。

他想知道孩子有何领悟，便问儿子："怎么样？现在你应该知道，不是每个人都能像我们过得这样好吧？"

儿子说："不，他们的日子比我们好。我们晚上只有电灯，而他们有满天星星；我们必须花钱才买到食物，而他们吃的是自己栽种的粮食；我们只有一个小花园，可对他们来说，山间到处都是花园；我们听到的是城市里的噪声，他们听到的却是大自然的天籁之音；我们工作时精神紧绷，他们一边工作一边哼着歌；我们要关在房子里吹冷气，他们却能在树下乘凉；我们担心有人来偷钱，他们没什么好担心的；我们老是嫌饭菜不好吃，他们有东西吃就很开心；我们常常无故失眠，他们每夜都睡得很香……"

人生的价值究竟应怎样诠释？相信每个人心中都有一个答案。但事实上，金钱绝不是衡量人生的标准，为金钱而活是不明智的，智者追求的财富除了金钱以外，还会包括健康、青春、智慧……

一位老人在小河边遇见一位青年。

青年唉声叹气，满脸愁云惨雾。

"年轻人，你为什么如此闷闷不乐呢？"老人关心地问道。

青年看了老人一眼，叹气道：

"我是一个名副其实的穷光蛋。我没有房子，没有老婆，更没有孩子。我也没有工作，没有收入，饥一顿饱一顿地度日。老人家，像我这样一无所有的人，怎么会高兴得起来呢？"

"傻孩子，"老人笑道，"其实你不该心灰意冷，你还是很富有的！"

"您说什么?"青年不解。

"其实,你是一个百万富翁呢。"老人有点儿诡秘地说。

"百万富翁?老人家,您别拿我这穷光蛋寻开心了。"青年有些不高兴,转身欲走。

"我怎么会拿你寻开心呢?现在,你回答我几个问题。"

"什么问题?"青年有点好奇。

"假如,我用20万元买走你的健康,你愿意吗?"

"不愿意。"青年摇摇头。

"假如,现在我再出20万元,买走你的青春,让你从此变成一个老头儿,你愿意吗?"

"当然不愿意!"青年干脆地回答。

"假如,我再出20万元,买走你的容貌,让你从此变成一个丑八怪,你可愿意?"

"不愿意!当然不愿意!"青年头摇得像个拨浪鼓。

"假如,我再出20万元,买走你的智慧,让你从此浑浑噩噩,了此一生,你可愿意?"

"傻瓜才愿意!"青年一扭头,又想走开。

"别急,请回答我最后一个问题,假如我再出20万元,让你去杀人放火,让你失去良知,你愿意吗?"

"天啊!干这种缺德事,魔鬼才愿意!"青年愤愤然。

"好了,刚才我已经开价100万元,却仍买不走你身上的任何东西,你说,你不是百万富翁,又是什么?"老人微笑着问道。

青年恍然大悟,他笑着谢过老人的指点,向远方走去。

从此,他不再叹息,不再忧郁,微笑着寻找他的新生活。

试问,如果有人出价100万元,要买走你的健康、你的青春、你的人格、你的尊严、你的爱情……你愿意吗？相信你一定会断然拒绝。如此说来，我们都是很富有的呢！

是的！此时的我们都是富人，因为我们已经意识到，物质上的富有只是一种狭隘、虚浮的富有，而心灵上的富足，才是真正的富有。人生的真正价值应在于，你能否利用有限的精力，为这世界创造无限的价值。一如露珠，若在阳光下蒸发，它只能成为水汽；若能滋润其他生命，它的价值就得到了升华，这才是真正的价值所在！

别为满足欲望，让自己步入歧途

如果说我们为欲望所控制，那么秉性就会变得懦弱，我们可能会屈服于欲望，违心去做一些本不该做的事情。

曾听过这样一件事，说是某晚在一家星级酒店，几个酒足饭饱的老板侃侃而谈，其中一人对众人炫耀道："我一个电话，就能把某某长叫来！"说完，他拍着胸脯与众人打赌："我电话过去，如果他不来，明晚我请客！如果他来了，你们请我。"说完，这位老板掏出了手机，一个电话打了过去。片刻之后，某某长出现在该酒店……

事情的真假无从考证，但在坊间确实有很多这样的传闻。对于这种现象产生的原因，两千多年前，孔老夫子的学生曾子就已经做出了透彻分析，他说"纵君有赐，不我骄也，我岂能勿畏乎？

受人施者常畏人，与人者常骄人"。的确如此，"受人施者常畏人，与人者常骄人"，这与老百姓常说的"吃人家的嘴软，拿人家的手短"是一个道理，我们接受了别人的好处，难免就要去迎合别人的意志，导致自己在对方面前时时处于被动地位。而施与者，往往不会白给白送，总是带着一定的目的性，因而奉劝朋友们，在无端送来的好处面前，请控制住自己的欲望，否则就会像那位匆匆赶来的某某长一样，被人牵着鼻子走。

说到这里，不禁让人想起热播剧《蜗居》中的宋思明。宋思明是一个颇有才能的人物，他从山村中走出，通过个人努力登上高位，可以说他的前半生非常成功。只是，他最终没有抵制住诱惑，拿了不该拿的东西，也爱了不该爱的人，逐渐沉沦，亲手毁掉了来之不易的一切。在剧中，宋思明有这样一段人生感悟，他说："关系这个东西啊，你就得常动。越动呢就越牵扯不清，越牵扯不清你就烂在锅里。要总是能分得清你我他，生分了。每一次，你都得花时间去摆平，要的就是经常欠。欠多了也就不愁了，他替你办一件是办，办十件还是办啊。等办到最后，他一见到你头就疼，那你就赢了，要风得风，要雨得雨。"这足以让我们引以为戒，我们之中的一些人就是落入陷阱，根本的原因就是他们没有控制好自己的欲望。

无怪乎孟子说："养心莫善于寡欲。其为人也寡欲，虽有不存焉者，寡矣；其为人也多欲，虽有存焉者，寡矣。"这是在告诫我们要收敛自己日益膨胀的欲望，不然品性将会变质，即所求越多，所失越大。对此，郑板桥也有自己独到的见解，他说："海纳百川，有容乃大；壁立千仞，无欲则刚。"意思是说，大海之所以无限宽广，是因为它可以容纳众多河流，这里借指人心；

千仞绝壁之所以能够巍然耸立,是因为它没有世俗的欲望,借喻人只有做到清心寡欲,才能达到"大义凛然"的境界。清末民族英雄林则徐在禁烟时,将其作为自己的座右铭,意在告诫自己:只有广纳人言,才能博取众长,把事情做得更好;只有杜绝私欲,才能如大山般刚正不阿,屹立于世。林则徐授命于民族危难之际,以此对联来警醒自己,他所倡导的这种精神着实令人敬佩,对于我们而言有着莫大的借鉴意义。

事实上,欲是人的一种生活本能,人活于世,必然会有各种各样的欲望,从某种意义上说,欲望也是促使人上进的一种动力。所谓"无欲则刚",并不是要我们彻底压抑欲望,而是要有尺度地克制。人一旦能够克制住私欲,就能清心寡欲,淡泊守志;能够克制住私欲,就能刚锋永在,清节长存。相反,欲望过度,就会心生贪念。人一旦与这个"贪"字挂钩,必然欲壑难填,攫求无己,最终纵欲成灾。

其实,"人生在世屈指算,难活三万六千天,家有房屋千万座,睡觉只需三尺宽,家有衣物千万件,死后不能件件穿。"很多东西,我们拥有的已足够。欲望太盛,往往是害人又害己。当我们为满足贪欲而折腰时,事实上已经没有了灵魂。我们为人、做官,很有必要让自己的心淡然一些,因为唯有寡欲,我们才能在物、利、色面前保持足够的清醒,头不昏、眼不花、心不乱,大大方方、顶天立地地做人。

遗憾的是,很多人还是太执着,多数人总是看不透,于是沉迷在功名利禄之中,身心俱疲、无法自拔。须知,境由心生,欲望太多,人便会受控于此,在欲望中折腾沉浮,无所不用其极,致使人生逐步踏入歧途,心灵亦因此被折磨得千疮百孔,最终留下的或许只有悔恨和遗憾。

正所谓"人心不足蛇吞象",古往今来,多少人因为欲望沟壑难填,而弃礼义廉耻、恩情道义于不顾,不择手段地索取,最终身败名裂甚至踏上黄泉,这难道还不足以让我们所有人警醒吗?泛滥成灾的欲望往往是将一个人彻底毁灭的主要原因。但客观一点说,要做到无欲无求,真的也很难。一般而言,一个人很难真正做到刚毅不屈,无私正直,其原因就在于心中还有私欲,而私欲又是人的一种本性。这种矛盾几乎存在于每一个渴望成就一番事业的人身上,因此,对于他们来说,用正直来压制私欲的过程就几乎成了奋斗的大部分内容。其实,不仅仅是名人志士需要如此,我们每个人都应该尽可能地去控制自己心中的欲望,令其处于一个合理的尺度上。因为欲望一旦多了、大了,势必会生贪心,贪心一生则心窍易迷,终致纵欲成灾。而少了世俗的欲望,人才能变得愈发刚直,活得越发主动。

按捺住内心的浮躁

当今社会,似乎一切都在提速,物质水平、人生追求的不断提高,令不少人少了耐性,多了急躁;少了冷静,多了妄动;少了脚踏实地,多了急功近利……是的,在市场经济的大环境下,大多数人已经无法按捺住自己躁动的心,无法守住可贵的清醒与理智,而是变得愈发浮躁了。

六、除掉妄念，便可以安定心绪

那么，何为浮躁？顾名思义，浮躁即心浮气躁。在人生的路途中，一旦我们心不在焉，一旦我们坐立不安，一旦我们丧失耐性，一旦我们急功近利，一旦我们患得患失，一旦我们爱慕虚荣，浮躁便如鬼魅一般，悄悄地、不露声色地向我们走来。它会让我们原本宁静的心泛起波澜，会令我们喜怒无常、焦虑不安、自寻烦恼；它会摧毁我们原本坚强的意志，让我们失去恒心，三天打鱼两天晒网。

在现实生活中，我们常自以为如何如何才是最好，但事与愿违的事情时有发生，往往令我们意不能平。其实，我们所遇到的，无论是顺境还是逆境，都是上天对我们最好的安排。倘若能够认识到这一点，你便能在顺境中心存感恩，在逆境中依旧心存喜乐。

然而，在某些人的内心深处，总有那么一股力量使他们茫然、令他们感到不安，让他们心灵一直无法归于宁静，这种力量就是浮躁！浮躁不仅是人生的大敌，而且还是各种心理疾病的根源所在。

相传古时有兄弟二人，他们都很有孝心，每日上山砍柴换钱为老母亲治病。

一位神仙为他们的孝心所感动，决定帮助他们。于是神仙告诉二人说，用四月的小麦、八月的高粱、九月的稻、十月的豆、腊月的雪放在千年泥做成的大缸内，密封七七四十九天，待鸡叫三遍后取出，汁水可卖大价钱。

兄弟两人各按神仙教的办法做了一缸。待到四十九天鸡叫二遍时，老大耐不住性子打开缸，一看里面是又臭又酸的水，便生气地洒在地上。老二则坚持到了鸡叫三遍后才揭开缸盖，发现里边是又香又醇的酒。

　　"洒"与"酒"只差一横，只早了那么一小会儿，便得到了两种截然不同的结果。人生在世，我们要剔除那些不切实际的欲望，耐住性子。"静"确实很美，它可以帮助我们沉淀智慧，是调节精神的良药，它可以抚平浮躁、可以过滤浅薄！其实，只要我们能够真正静下心来，我们就一定会体会到生活的美好。

七、木已成舟，就不要再去执意

既然控制不了，就选择去喜欢！不要固执地抓住不放。别为你无法控制的事情而烦恼，我们要做的是决定自己对既成事实的态度。无可奈何随花落，木已成舟不苟求——这看似消极的心态，又何尝不是一种智慧？要知道，这世间没有人可以事事顺心如意。所以别用你的固执，去挑战生活的脾气，对于那些无力改变的事情，我们不妨用积极的心态去接受它、去适应它。

别为打翻的牛奶哭泣

"别为打翻的牛奶哭泣",这是英国的一句古代谚语,用咱们中国话说就是:覆水难收,事情既然已经无法挽回,就别再为它伤脑筋。其实我们的人生中因有意或无意而造成的错误总是在所难免的,不过有些错误尚可以纠正,能够得到挽救,而有些失误一旦形成就不可挽回。对于后者,即便我们有千般不愿、万般不甘,但也无法改变它们。于是,我们看到有些人,只因为那一次失误或是失去,嘴里便碎碎叨叨地抱怨,心里便百转千回地烦乱,接着人生便进入了一种患得患失的状态,乃至整个生命都开始逐渐萎缩、瘫痪。

我们只能说,这种人是自己给自己套上了枷锁。为什么还要为打翻的牛奶哭泣?难道能把牛奶哭回来吗?显然不可能。牛奶既然已经打翻在地,就不可能将它收起来再继续喝,所以也没有必要因此而落泪、惋惜。

一位少年背着一个砂锅赶路,不小心绳子断了,砂锅掉到地上摔碎了。少年头也不回地继续向前走。路人喊住少年问:"你不知道你的砂锅摔碎了吗?"少年回答:"知道。"路人又问:"那为什么不回头看看?"少年说:"既然碎了,回头有什么用?"说完,他又继续赶路。

七、木已成舟，就不要再去执意

故事中的少年是明智的，既然砂锅都碎了，回头看又有什么用呢？同样地，我们也没有必要为打翻的牛奶而哭泣，没有必要为过往的错误而过度懊悔，因为生活还要继续。人生中的许多失败也同样如此，既然已经无法挽回，惋惜悔恨也于事无补，与其在痛苦中挣扎浪费时间，还不如重新找一个目标，再一次发愤努力。

美国著名成功学家卡耐基也遇到过这样的事情，他在事业刚刚起步时，曾试着在密苏里州举办了一个成人教育班，成功后，他又迅速地在全国各大城市开设了许多分部，由于没有经验又疏于管理，在他投入了很多的资金用于广告宣传、租房、日常的各种开销之后，他发现虽然这种成人教育班的社会反响很好，但自己所取得的经济效益并不好，自己一连数月的辛苦劳动竟然没有什么回报，收入竟然刚够支出的，几个月下来自己是白忙活了。

卡耐基为此很苦恼，他不断地抱怨自己的疏忽大意。这种状态持续了很长时间，他整日闷闷不乐，神情恍惚，无法将刚刚开始的事业进行下去。

后来，卡耐基只能去找他中学时的生理老师乔治·约翰逊，向他寻求帮助，老师在听完卡耐基的话之后，真诚地对他说："是的，牛奶被打翻了，漏光了，怎么办？是看着被打翻的牛奶哭泣，还是去做点别的。记住，被打翻的牛奶已成事实，不可能重新装回到瓶中，我们唯一能做的，就是汲取教训，然后忘掉这些不愉快。"

老师的话如醍醐灌顶，使卡耐基的苦恼顿时消失，精神也振作起来，他又重新投入到了他热爱的事业中去了。

再后来，卡耐基常把这句话说给他的学生，也说给自己听，有一位学员多年之后回忆听课时的情景，还深有感触地说起卡耐基曾说过的这段话。

人生就应该秉持这种态度，不要把牛奶洒了当作生死大事来对待，也别为一只瘪了的轮胎苦恼万分。既然已经发生了，就当它们是你的挫折。但它们只是小挫折，每个人都会遇到，你对待它的态度才是重要的。不管此时你想取得什么样的成绩，不管是创建公司还是为好友准备一顿简单的晚餐，事情都有可能会弄砸。如果面包放错了位置，如果你失去一次升职的机会，预先把它们考虑在内吧。否则的话，它会毁了你取胜的信心。

当自己已经尽力，但因为个人无法控制的所谓"天命"而使事情变糟时，恐慌、着急、悔恨都无济于事，何不坦然面对——清除看似天经地义的坏心情，营造出轻松心态。

当你遇到不幸和遭遇不愉快的时候，你也可以换个角度来考虑这个问题，也许你的损失或者你的不幸会成为一种财富，你会从中学到很多宝贵的经验。

有一种聪明叫顺其自然

其实人先天就具有一种觉悟本性，而这种觉悟本性本来就是洁净无瑕、没有蒙受世俗间的尘埃污染的。人们的一切行为都来源于这种本性，一旦依照这种本性处世，得到的结果往往不会太

| 七、木已成舟，就不要再去执意 |

坏。生活中，当我们无所适从之时，选择顺其自然、顺其本性，也许不失为聪明之举。

朋友之中若有人去过迪士尼乐园，相信一定会有这样的体会：当我们在迪士尼乐园穿梭之时，会不由自主地产生一种便捷、舒适的感觉。那么迪士尼乐园的路径设计到底是由谁策划的？他又是怎么做的呢？该设计为何会令世人惊叹呢？这其中有这样一个故事：

世界建筑大师格罗培斯设计的"迪士尼乐园"马上就要对外开放了，然而，各个景点之间的路径该怎样连接，一直还没有具体方案。为此，格罗培斯先后修改了 50 余次设计方案，但始终没有一次能令他自己感到满意。接到施工部的催促电话，格罗培斯心中十分焦躁，巴黎的庆典一结束，他就让司机驾车带他去地中海海滨，他想清醒一下，希望在回国前能够将方案定下来。

汽车在法国南部的乡间公路上奔驰，这里漫山遍野都是当地农民的葡萄园。当他们的车子拐入一个小山谷时，发现那儿停着许多车子。原来这是一个无人看管的葡萄园，你只要在路边的箱子里投入 5 法郎就可以摘一篮葡萄上路。据说这是当地一位老太太的葡萄园，她因无力料理而想出这个办法。谁知在这绵延上百里的葡萄产区，总是她的葡萄最先卖完。这种给人自由，任其选择的做法使大师深受启发。

回到住处，他给施工部拍了一份电报：撒上草种，提前开放。

在迪士尼乐园提前开放的半年里，草地被踩出许多小道，这些踩出的小道有宽有窄，优雅自然。第二年，格罗培斯让人按这些踩出的痕迹铺设了人行道。

1971年,在"伦敦国际园林建筑艺术研讨会"上,迪士尼乐园的路径设计被评为"世界最佳设计"。

顺其自然,顺乎本性;给人自由,任其选择。这便是格罗培斯成功的关键所在。

然而,现实生活中,纷繁芜杂的俗事却使我们渐染失于心性的杂色,每一次的呈现都多了一点修饰,每一次的语言都少了一分真实。我们习惯于伪装,总以为这样就可以赢得更多,过得更好。蓦然回首,那些希冀着的,仍需希冀,那些渴盼着的,仍需渴盼。唯独改变了的是自己的本性。扪心自问:"我们是否在意过自己最真实的内心世界?尊重过自己的本性?"心真的会告诉我们那个最真实的答案。有多少人曾想过改变自己,以追逐想要的一切,到头来才发现,自己做了一个邯郸学步的寿陵少年,不仅没有得到自己想要的,还丢了自己最初拥有的。那么,当初为什么就不能尊重自己的本性,做那个最真的自己?也许正是因为我们没有彻悟。

随着岁月更移,蓦然回首时我们会发现,其实修饰并未让我们赢得更多,也不曾使我们过得更好。而自己,俨然已渐渐失去了本性,迷失了真我之心,成为了一叶随波的浮萍。既如此,何不做好真我?那样,我们也会是一道不错的风景。尊重真我本性,秉承真我之心,不随波逐流,我们便不会迷失;走自己的路,清心寡欲,充实自我,不从外物取物,而从内心取心,我们便可将自己的人生修炼成一道独特的风景线。

偏偏有时,我们总把眼光放在外界,追逐自己所想的美好事物,因而常常忽视了自己的本性,在利欲的诱惑中迷失了自己,所以才终日心外求法,因此而患得患失。如果能明白自己的本性，坚守自己的心灵领地，又何必自悔自恼呢？

诗人卞之琳曾写道："你站在桥上看风景，看风景的人在楼上看你。"带着妻儿到乡间散步，这当然是一道风景；带着情人在歌厅摇曳，也是一种情调；大权在握的要员静下心来，有时会羡慕那些路灯下对弈的老百姓，可是平民百姓没有一个不期盼来日能出人头地的；拖家带口的人羡慕独身者自在洒脱，独身者却又对儿女绕膝的天伦之乐心向往之……

人世间，皇帝有皇帝的烦恼，乞儿有乞儿的欢乐。乞儿朱元璋变成了皇帝，皇帝溥仪变成了平民，四季交错，风云不定。一幅曾获世界大赛金奖的漫画画出了深意：第一幅是两个鱼缸里对望的鱼，第二幅是两个鱼缸里的鱼相互跃进对方的鱼缸，第三幅和第一幅一模一样，换了鱼缸的鱼又在对望着。

我们常常会羡慕和追求别人的美丽，却忘了尊重自己的本性，稍一受外界的诱惑就可能随波逐流，事实上，每一个人都有自己独有的优点和潜力，只要我们能认识到自己的这些优点，并使之充分发挥，就必能在人生的路途上有所建树。

其实，做人没有必要总是做一个跟从者、一个旁观者，只需知道自己的本性就足可以成为一道风景。不从外物取物，而从内心取心，先树自己，再造一切，这才是我们首先要做的。

与其内疚于心，不如尽力补救

人很容易被负疚感左右，在人性文化中，内疚被当作一种有效的控制手段加以运用。我们应当汲取过去的经验教训，而绝不能总在阴影下活着，内疚是对错误的反省，是人性中积极的一面，但却属于情绪中消极的一面。我们应该分清这二者之间的关系，反省之后迅速行动起来，把消极的一面变积极，让积极的一面更积极。

哈蒙是一位商人，长年在外经营生意，少有闲时。当有时间与全家人共度周末时，他非常高兴。

他年迈的双亲住的地方，离他的家只有一个小时的路程。哈蒙也非常清楚自己的父母是多么希望见到他。但是，他总是寻找借口尽可能不到父母那里去，最后几乎发展到与父母断绝往来的地步。

不久，他的父亲死了，哈蒙好几个月都陷于内疚之中，回想起父亲曾为自己做过的事情，他埋怨自己在父亲有生之年未能尽孝心。在悲痛平定下来后，哈蒙意识到，再大的内疚也无法使父亲死而复生。认识到自己的过错之后，他改变了以往的做法，常常带着妻儿去看望母亲，并同母亲保持电话联系。

赫莉的母亲很早便守寡，她勤奋工作，以便让赫莉能穿上好

七、木已成舟，就不要再去执意

衣服，在城里较好的地区住上令人满意的公寓，能参加夏令营，上名牌私立大学。她为女儿"牺牲"了一切。当赫莉大学毕业后，找到了一个报酬较高的工作。她打算独自搬到一个小型公寓去，公寓离母亲的住处不远，但人们纷纷劝她不要搬，因为母亲为她作出过那么大的牺牲，现在她撇下母亲不管是不对的。赫莉认为他们说得对，便同意与母亲住在一起。

后来她喜欢上了一个青年男子，但她母亲不赞成她与他交朋友，她和母亲大吵一番后离家出走了，几天后听人们说母亲因她的离家而终日哭泣，强烈的内疚感再一次向赫莉袭来。她向母亲让步了。几年后，赫莉完全处于她母亲的"控制"之下。到最终，她又因负疚感造成的压抑毁了自己，并因生活中的每一个失败而责怪自己和自己的母亲。

其实内疚也可以说是人之常情，或许每个人都曾内疚过，我们的生活那么复杂，我们在经历学业、事业以及家庭琐事时，难免会做错事，那么就一定要一直内疚下去吗？千万不要这样，这是很可怕的事情，它会让你的生活失去绚丽的颜色。退一步说，即便深陷这后悔的自责之中，又有什么用？我们是不是该为自己的过错做点什么，如果你能尽力补救，相信你的心就会好过一些。

其实从另一方面说，内疚或许不完全是坏事，因为它确实可以让人变得更加成熟，也可以让我们在今后的日子中减少痛苦并更有能力去摆脱痛苦。但我们怕的是，因为内疚而"走火入魔"，乃至痛恨自己、厌恶自己，直至厌恶这个世界，但我们却未曾想过，其实这也是一种不负责，是对自己、对亲友，乃至对曾被你伤害过之人的不负责。因为以你这种状态，如何去弥补自己的错误，而倘若你不能自我救赎，那无疑就是错上加错。所以说，大家应该学会释放，不要深陷后悔的自责当中，你应该振奋精神，投身到对错误的补救当中，这才是你当下最该做的事情。

我们应该明白，这世上没有一个人是没有过失的，只要有了过失之后勇于去改正，前途依然阳光，但若徒有感伤而不从事切实的补救工作，则是最要不得的！在过错发生之后，要及时走出感伤的阴影，不要长期沉浸在内疚之中不可自拔，让身心备受折磨，过去的已经过去，再内疚也于事无补，要拾起生活的勇气，昂扬地奔向明天。

我们有必要怀旧，但更应该活在现在

史威福说："没有人活在现在，大家都活着为其他时间做准备。"所谓"活在现在"，就是指活在今天，今天应该好好地生活。这其实并不是一件很难的事，我们都可以轻易做到。

张雯雯是某校一名普通的学生。她曾经沉浸在考入重点大学的喜悦中，但好景不长，大一开学才两个月，她已经对自己失去了信心，连续两次与同学闹别扭，功课也不能令她满意，她对自己失望透了。

她自认为是一个坚强的女孩，很少有被吓倒的时候，但她没想到大学开学才两个月，自己就对大学四年的生活失去了信心。

七、木已成舟，就不要再去执意

她曾经安慰过自己，也无数次试着让自己抱有希望，但换来的却只是一次又一次的失望。

以前在中学时，几乎所有老师跟她的关系都很好，很喜欢她，她的学习状态也很好，她的身边还有一群朋友，那时她感觉自己像个明星似的。但是进入大学后，一切都变了，人与人的隔阂是那样明显，自己的学习成绩又如此糟糕。现在的她很无助，她常常这样想：我并没比别人少付出，并不比别人少努力，为什么别人能做到的，我却不能呢？她觉得明天已经没有希望了，她想难道自己12年的拼搏奋斗注定是一场空吗？这样对自己来说太不公平了。

进入一个新的学校，新生往往会不自觉地与以前相对比，而当困难和挫折发生时，产生"回归心理"更是一种普遍的心理状态。张雯雯在新学校中缺少安全感，不管是与人相处方面，还是自尊、自信方面，这使她长期处于一种怀旧、留恋过去的心理状态中，如果不去正视目前的困境，就会更加难以适应新的生活环境、建立新的自信。

不能尽快适应新环境，就会导致过分怀旧。一些人在人际交往中只能做到"不忘老朋友"，但难以做到"结识新朋友"，个人的交际圈也大大缩小。此类过分的怀旧行为将阻碍着你去适应新的环境，使你很难与时代同步。回忆是属于过去的岁月的，一个人应该不断进步。我们要试着走出过去的回忆，不管它是悲还是喜，不能让回忆干扰我们今天的生活。

一个人适当怀旧是正常的，也是必要的，但是因为怀旧而否认现在和将来，就会陷入一种病态。不要总是表现出对现状很不满意的样子，更不要因此过于沉溺在对过去的追忆中。当你不厌其烦地重复述说往事，述说着过去如何如何时，你可能忽略了今天正在经历的体验。把过多的时间放在追忆上，会或多或少地影响你的正常生活。

我们需要做的是尽情地享受现在。过去的再美好抑或再悲伤，那毕竟已经因为岁月的流逝而渐渐沉淀。如果你总是因为昨天而错过今天，那么在不远的将来，你又会回忆着今天的错过。在这样的恶性循环中，你永远是一个迟到的人。所以，不如积极参与现实生活，如认真地读书、看报，了解并接受新生事物，要学会从历史的高度看问题，顺应时代潮流，不能老是站在原地思考问题。如果对新事物立刻接受有困难，可以在新旧事物之间寻找一个突破口，寻找一个最佳的结合点，从这个点上做起。

隆萨乐尔曾经说过："不是时间流逝，而是我们流逝。"不是吗，在已逝的岁月里，我们毫无抗拒地让生命在时间里一点一滴地流逝，却做出了分秒必争的滑稽模样。

说穿了，回到从前也只能是一次心灵的谎言，是对现在的一种不负责的敷衍。有一首诗是这样说的："少年易老学难成，一寸光阴不可轻。未觉池塘春草梦，阶前梧叶已秋声。"可见，"世界上最宝贵的就是'今'，最容易丧失的也是'今'，因为它最容易丧失，所以更觉得它宝贵。"所以，过去的已然过去，就不要一直把它放在心上。

有舍有得，不必执意

舍与得的问题，多少有点哲学的意味。舍得，舍得，先有舍才有得。不舍不得，小舍小得，大舍大得，舍即是得。舍是得的基础，将欲取之，必先予之，因而人生最大的问题不是获得，而是舍弃，无舍尽得谓之贪。贪者，万恶之首也。领悟了舍得之道，对于做人做事都有莫大的益处。做人，应该抛弃贪婪、虚伪、浮华、自私，力求真诚、善良、平和、大气。做事，应该有所为，有所不为。

生活本来就是舍与得的世界，我们在选择中走向成熟。做学问要有取舍，做生意要有取舍，爱情要有取舍，婚姻也要有取舍，实现人生价值更要有取舍……正如孟子所说："鱼，我所欲也；熊掌，亦我所欲也。二者不可得兼，舍鱼而取熊掌者也。"人生即是如此，有所舍而有所得，在舍与得之间蕴藏着不同的机会，就看你如何抉择。倘若因一时贪婪而不肯放手，结果只会被迫全部舍去，这无异于作茧自缚，而且错过的将是人生最美好的时光，即使最后能获得什么，那也是一种得不偿失！何苦来哉？

舍与得之间的抉择是一种生活的艺术，亦是一种人生哲学。是否舍得就看我们的智慧了。

有这样一个寓言，颇有警示意义，我们来看一下：

据说很久以前，城郊有一座葡萄园，果实甘甜，每到成熟季节，都会有很多人前来采摘，而每至此时，都会有一只鸟儿盘旋在葡萄园上方。如果有人伸手去摘葡萄，这只鸟就会大叫不停，仔细听那声音，似乎是"我所有……我所有！"因此，人们给它取了一个十分滑稽的名字——"吝啬鸟"。

这一年，葡萄园大丰收，前来采摘的人比往年多了一倍。吝啬鸟叫得凄厉异常，但人们对此早已司空见惯，根本不去理会。最后，由于日复一日的啼叫，吝啬鸟累得咳血而亡。

又说数十年前，城中住着一位年轻人，他在父母过世以后继承了大笔财产。对他而言，钱财就是一切，他每天计算着自己的财产数量，甚至连城郊葡萄园的收成也计算在内，只盼望能够越多越好。

在他看来，多一个人就会多一份消耗，所以他一生没有娶妻生子。终老以后，由于他的财产无人继承，所以便全部入了国库。

吝啬鸟的前世，就是这位年轻人。他虽已转世为鸟，但仍未改吝啬之习，仍想霸着葡萄园不放，乃致累得咳血而亡。

我们之中有些人也是这样，到手的东西便紧紧抓着不放，不肯与人分享，这样的人其实是贫穷的。既然你所拥有的，已经超过你所需要的，那么为何不能让更多真正需要的人"沾沾光"呢？若是这样，我们就一定能够赢得人格上的富足。

修行之人说："人执我所有，悭贪不能舍；纵以是生护，亦为无常夺。"

"我所有"就是我所有的房屋、眷属、家产，这些身外之物可以利用它来维持我们的生命。而修行人所需要的仅是饭菜饱、

七、木已成舟，就不要再去执意

布衣暖足矣，如贪求无厌，吝惜不舍，一旦失落，难免会像"吝啬鸟"那样哀叫致死。

修行之人还说，人所有财物为五家所有，哪五家呢？为水所漂，为火所烧，为贼所盗，为子所败，为官府所抄。其实婆娑世界里的一切，都不是用来拥有的，而是用来舍的，一个人舍下一切则是真正的壮大，无牵无挂；一个人拥有一切便是沉沦苦痛的深渊。学会舍弃，免于物欲的奔逐、事物的执迷，才能获得人生的自在与豁达。

在巴勒斯坦有两个湖，这两个湖给人的感觉是完全不一样的。其中一个湖名叫加里勒亚湖，水质清澈洁净，可供人们饮用，湖里面各种生物和平相处，鱼儿游来游去，清晰可见，四周是绿色的田野与园圃，人们都喜欢在湖边筑屋而居。

另一个湖叫死海，水质的咸度位于世界之最，湖里没有鱼儿的游动，湖边也是寸草不生，了无生气，景象一片荒凉，没有人愿意住在附近，因为它周围的空气都让人感到窒息。

有趣的是，这两个湖的水源，是来自同一条河的河水。所不同的是：一个湖既接受也付出，而另一个湖在接受之后，只保留，不懂得舍却原来的水。这正印证了那句话：流水不腐，舍而后得。

其实生活中那些不懂割舍的人，往往什么都得不到，一如那些斤斤计较之人，永远也体会不到真正的快乐一样。人生在世，我们所得越多，心灵就越容易迷失，进而找不到人生的正确方向。而有得有失、有取有舍，才是真正的生活。人生，真的不需要那么多无谓的执着，也没有什么真的不能割舍。唯有懂得适时舍弃，生活才会变得更加简单、快乐。

说起来，我们这一生最大的"得"便应该是"生"，父母给予了我们生命，这不就是最大的"得"吗？如果说没有这个"得"，那其他的一切也就无须再论。而我们人生最大的"失"，应莫过于"死"，当死神召唤之时，我们即便有千般不愿，也要抛弃所得的一切，包括自己的生命，这难道不是最大的"失"吗？但事实上，这最大的"得"与"失"，我们根本无法掌握，那么为何还要那般执着于生命中无谓的得失呢？一个人赤条条地来到这个世界，最终还要赤条条地离开，什么你也带不走，与其如此，倒不如在活着的时候让自己轻松一些，这样你或许能够活得更自在。你说是不是这个道理？其实所谓得与失，到头来根本就是一无所得，也一无所失，我们又何必固执于此，伤身伤心？

感情的事，还是随缘的好

有一种说法，说是缘由天定，前生的五百次回眸，才换来今生的一次擦肩而过。可见，缘分的修来是何其不易。在这尘世间，缘分是男女情感的开端，从素未谋面到相守一生，让人感觉似乎冥冥中自有注定，如琴弦一拨，直荡心扉。只一个"缘"字，便让世间多少男女为之若痴若狂。但有些残酷的是，有时有"缘"却未必有"分"，这种情况最断人魂。

有这样一个故事，说的就是缘分：

七、木已成舟，就不要再去执意

据说从前有一座圆音寺，每天都有许多人上香拜佛，香火很旺。在圆音寺庙前的横梁上有个蜘蛛结了张网，由于每天都受到香火和虔诚祭拜的熏陶，蜘蛛便有了佛性。经过了一千多年的修炼，蜘蛛佛性增加了不少。

忽然有一天，佛主光临了圆音寺，看见这里香火甚旺，十分高兴。离开寺庙的时候，不经意间抬头看见了横梁上的蜘蛛。佛主停下来，问这只蜘蛛："你我相见总算是有缘，我来问你个问题，看你修炼了这一千多年来，有什么真知灼见。怎么样？"蜘蛛遇见佛主很高兴，连忙答应了。佛主问道："世间什么才是最珍贵的？"蜘蛛想了想，回答道："世间最珍贵的是'得不到'和'已失去'。"佛主点了点头，离开了。

就这样又过了一千年，蜘蛛依旧在圆音寺的横梁上修炼，它的佛性大增。一日，佛主又来到寺前，对蜘蛛说道："你可还好，一千年前的那个问题，你可有什么更深的认识吗？"蜘蛛说："我觉得世间最珍贵的是'得不到'和'已失去'。"佛主说："你再好好想想，我会再来找你的。"

又过了一千年，有一天，刮起了大风，风将一滴甘露吹到了蜘蛛网上。蜘蛛望着甘露，见它晶莹透亮，很漂亮，顿生喜爱之意。蜘蛛每天看着甘露很开心，它觉得这是三千年来最开心的几天。突然，又刮起了一阵大风，将甘露吹走了。蜘蛛一下子觉得失去了什么，感到很寂寞、很难过。这时佛主又来了，问蜘蛛："蜘蛛，这一千年，你可好好想过这个问题：世间什么才是最珍贵的？"蜘蛛想到了甘露，对佛主说："世间最珍贵的是'得不到'和'已失去'。"

佛主说："好，既然你坚持这样的认识，我让你到人间走一遭吧。"

就这样，蜘蛛投胎到了一个官宦家庭，成了一个富家小姐，父母为她取了个名字叫蛛儿。一晃，蛛儿到了16岁，已经成了一个婀娜多姿的少女，长得十分漂亮，楚楚动人。

这一日，新科状元郎甘鹿中第，皇帝决定在后花园为他举行庆功宴席。来了许多妙龄少女，包括蛛儿，还有皇帝的小公主长风公主。状元郎在席间表演诗词歌赋，大献才艺，在场的少女无一不为他倾倒。但蛛儿一点也不紧张和吃醋，因为她知道，这是佛主赐予她的姻缘。过了些日子，说来很巧，蛛儿陪同母亲上香拜佛的时候，正好甘鹿也陪同母亲而来。上完香拜过佛，二位长者在一边说上了话。蛛儿和甘鹿便来到走廊上聊天，蛛儿很开心，终于可以和喜欢的人在一起了，但是甘鹿并没有表现出对她的喜爱。蛛儿对甘鹿说："你难道不记得16年前，圆音寺的蜘蛛网上的事情了吗？"甘鹿很诧异，说："蛛儿姑娘，你漂亮，也很讨人喜欢，但你的想象力未免丰富了一点吧。"说罢，他便和母亲离开了。

蛛儿回到家，心想，佛主既然安排了这场姻缘，为何不让他记得那件事？甘鹿为何对我没有一点感觉？

几天后，皇帝下诏，命新科状元甘鹿和长风公主完婚、蛛儿和太子芝草完婚。这一消息对蛛儿如同晴空霹雳，她怎么也想不通，佛主竟然这样对她。几日来，她不吃不喝，穷究急思，灵魂就将出壳，生命危在旦夕。太子芝草知道了，急忙赶来，扑倒在床边，对奄奄一息的蛛儿说道："那日，在后花园众姑娘中，我对你一见钟情，我苦求父皇，他才答应。如果你死了，那么我也就不活了。"说着就拿起了宝剑准备自刎。

· 166 ·

七、木已成舟，就不要再去执意

就在这时，佛主来了，他对快要出壳的蛛儿的灵魂说："蜘蛛，你可曾想过，甘露（甘鹿）是由谁带到你这里来的呢？是风（长风公主）带来的，最后也是风将它带走的。甘鹿是属于长风公主的，他对你来说不过是生命中的一段插曲。而太子芝草是当年圆音寺门前的一棵小草，他看了你三千年，爱慕了你三千年，但你却从没有低下头看过它。蜘蛛，我再来问你，世间什么才是最珍贵的？"蜘蛛听了这些真相之后，好像一下子大彻大悟了，她对佛主说："世间最珍贵的不是'得不到'和'已失去'，而是现在能把握的幸福。"刚说完，佛主就离开了，蛛儿的灵魂也回位了，睁开眼睛，看到正要自刎的太子芝草，她马上打落了他的宝剑，和太子紧紧地抱在一起……

人与人的缘分就是这样，如浮云、如浮萍，时而聚合，时而分离，谁能主宰？有些人看得开、放得下，遂而听天由命，一切随缘，失去了有缘无分的爱情，得到的却是寻找归宿的机会。有些人看不开、放不下，于是肝肠寸断，无法自拔，没了这段爱，也无心去寻找真正属于自己的缘分，因而错过了其他的美好，郁郁一生。

其实，强扭的瓜不甜，有缘无分的那个人即使勉强得到了，你们也未必幸福。所以，任何人在选择自己的爱人时都应该仔细想想，不要苛求那份本不属于你的感情。现实是残酷的，一旦让感情错位，你所得到的结果就只是苦涩。

从古至今，无数的女人在等待中度日如年，憔悴红颜。女人执着地等待，是以为自己没有错，以为心诚能使铁树开花。然而在男女的关系中，最难用是非对错来衡量，有时等待是合理的，有时等待就是一种浪费，比如爱上有夫之妇或者有妇之夫，这样的等待，时间越长，伤害就越大。

三千红尘，茫茫人海，很多事可以去求，唯缘分难求。试问这世间有几人认为自己找到了最完美的归属？又有多少人在错误的时间、错误的地点，遇上了自己认为是对的那个人？其实是你的就是你的，不是你的就不要贪求，一切随缘吧！

失去了，就不要再介怀

我们知道，缘分本是天定，强求也无用。其实，缘起缘灭、缘聚缘散，都是宿命，根本无须其他的理由。

曾几何时，她与你心心相印、海誓山盟，约定白头到老、相携相扶，然而，随着空间的阻隔、时间的流逝，那份你侬我侬的"缘"逐渐淡而无味，乃至随风散去。感情就是如此，情缘未必遂人愿，并非每个人都能拥有缘，亦不可能每份缘都能被牢牢抓在手中。尘世间的聚散、分合，在生活中演绎出多少悲喜、恩怨？有时有缘无分，君住长江头，我住长江尾，日日思君不见君；有时有情无缘，执手相看泪眼，竟无语凝噎。凡此种种，皆是人世间的大痛，可谁能料定？谁又能改变？

人生本来就有太多的未知，若无缘，或许只是一个念头、一次决定，便可了断一份情、丧失一份爱。一见钟情是缘，分道扬镳也是缘，感情如此，人生亦如此。爱情是变化的，任凭再牢固

七、木已成舟，就不要再去执意

的爱情，也不会静如止水，爱情不是人生中一个凝固的点，而是一条流动的河。所以，并不是有情人都能成眷属，亦不可说每个美丽的开始都会有美满的结局。你叹也好、恼也罢，事实就是如此，本无道理可言。也正因如此，人世间才会出现那么多的不甘与苦痛。

纪献凯和晏飞飞，是某名牌大学的高才生。他们俩既是同班同学，又是同乡，所以很自然地成了一对形影不离的恋人。

一天，纪献凯对晏飞飞说："你像仲夏夜的月亮，照耀着我梦幻般的诗意，使我犹如置身天堂。"晏飞飞也满怀深情地说："你像春天里的阳光，催生了我蛰伏的激情。我仿佛重获新生。"两个坠入爱河的青年人就这样沉浸在爱的海洋中，并约定等纪献凯拿到博士学位就结成秦晋之好。

半年后，纪献凯负笈远洋到国外深造。多少个异乡的夜晚，他怀着尚未启封的爱情，像守着等待破土的新绿。他虔诚地苦读，并以对爱的期待时时激励着自己。几年后，纪献凯终于以优异的成绩获得博士学位，处于兴奋状态的他并未感到信中的晏飞飞有些许变化，学业期满，他恨不得身长翅膀脚生云，立刻就飞到晏飞飞身边，然而他哪里知道，昔日的女友早已和别人搭上了爱的航班。纪献凯找到晏飞飞后质问她，晏飞飞却真诚地说："我对你已无往日的情感了，难道必须延续这无望的情缘吗？如果非要延续的话，你我只能更痛苦。"纪献凯只好退出，默默地舔舐着自己不见刀痕的伤口。

或许我们会站在道义的立场上，为一诺千金的纪献凯表示惋惜，但我们又能就此来指责晏飞飞什么呢？怪只能怪爱本身就具有一定的可变性。

爱过之后才知爱情本无对与错、是与非，快乐与悲伤会携手和你同行，直至你的生命结束！世上千般情，唯有爱最难说得清。

是的，只要真心爱过，分离对于每个人而言都是痛苦的。不同的是，聪明的人会透过痛苦看本质，从痛苦中挣脱出来，笑对新的生活；愚蠢的人则一直沉溺在痛苦之中，抱着回忆过日子，从此再不见笑容……

不过，千万不要憎恨你曾深爱过的人，或许这就是宿命，或许他还没有准备好与你牵手，或许他还不够成熟，或许他有你所不知道的原因。不管是什么，都别太在意，别伤了自己。你应该意识到，如此优秀的你，离开他一样可以生活得很好。你甚至应该感谢他，感谢他让你对爱情有了进一步的了解，感谢他让你在爱情面前变得更加成熟，感谢他给了你一次重新选择的机会，他的离去，或许正预示着你将迎接一个更美好的未来。

所以说，我们在爱情面前，不要轻易说放弃，但放弃了，就不要再介怀。经不起考验的爱情是不深刻的。唯有经得起考验的爱情，才值得你去珍惜，才会使你的人生更丰富多彩。爱情就如云彩，虽然美丽，但变化万端，聚时汹涌澎湃，散时落寞孤寂。人生中的分分合合宛若云聚云散，缘分便是可遇不可求的风。

学会放手，别太执着

是不是每一份感情都值得你为之哭泣？是不是曾经在一起的每一个人都值得你去留恋？也许，这世界并不是每个人都珍惜你，既然不懂得珍惜你，那么他走了，你就要学会放手。

曾看过这样一个故事：

有个女孩失恋了，哭哭啼啼去见村中的长辈。

长辈问她："孩子，你哭什么？"

女孩说："我失恋了，他爱上了别人！"

长辈问："那你爱他吗？"

女孩说："爱，非常爱！"

长辈又问："那他爱你吗？"

女孩很无奈："现在不爱了……"

长辈说："那么，该哭的人是他，因为他失去了一个爱他的人，而你，不过失去了一个不爱你的人！"

是的，你只不过失去了一个不爱你的人，既然不爱你，你又何必如此执着？诚然，当你将整颗心交给一个人，你会希望这世界只剩下你和他二人，因为爱情的世界里从不欢迎第三者。只可惜，感情这东西很难预料，没有人知道你们的未来通向哪里，或许走着走着，彼此便走散了。

倘若有一天，他不再爱你，你该怎么办？请不要为他哭泣，因为你不过是失去了一个不再爱你的人。放下心中的纠结，你会发现，原本我们以为不可失去的人，其实并不是不可失去。你今天流干了眼泪，明天自会有人来逗你欢笑。

你应该这样想：你只是失去了一个不爱你的人，离开一个不爱你的人，难道你真的就活不下去了吗？不，这个世界上没有谁离不开谁，离开他你一样可以活得很精彩。爱情面前，心放宽一点，与其怀念过去，还不如好好地把握现在和将来，要相信缘分，未来你可能会遇到比他更好的，更懂得珍惜你的人！

有些事，有些人，或许只能够作为回忆，永远不能够成为未来！感情的事该放下就放下。

陈海飞一直困扰在一段剪不断、理还乱的感情里出不来。

她一个人走在春日的阳光下，空气中到处是春天的味道，有柳树的清香，小草的芬芳。陈海飞想："世界如此美好，可是我却失恋了。"这时，那种刺痛突然在心底弥漫。陈海飞有种想流泪的感觉，她仰起头，不让泪水夺眶。

走累了，陈海飞坐在街心花园的长椅上。旁边有一对母女，小女孩眼睛大大的，小脸红扑扑的。她们的对话吸引了陈海飞。

"妈妈，你说友情重要还是半块橡皮重要。"

"当然是友情重要了。"

"那为什么乐乐为了想要妞妞的半块橡皮，就答应她以后不再和我做好朋友了呢？"

"哦，是这样啊。难怪你最近不高兴。孩子，你应该这样想，如果她是真心和你做朋友就不会为任何东西放弃友谊，如果她会轻易放弃友谊，那这种友情也就没有什么值得珍惜的了。"母亲轻轻地说。

"孩子,知道什么样的花能引来蜜蜂和蝴蝶吗?"

"知道,是很美丽很香的花。"

"对了,人也一样,你只要加强自身的修养,又博学多才,当你像一朵很美的花时,就会吸引到很多人和你做朋友。"

若是一个人为虚荣放弃你们之间的感情,你是不是应该感到庆幸呢?很显然,这样的人不值得你去爱。

大量的事实告诉我们,对待感情不可过于执着,否则伤害的只能是自己。

在爱情面前,没有谁是强者,一段感情的终结,受伤最深、痛苦最久的当然是被弃者。不过,既然他不懂珍惜你,那你又何必去牵挂他?做人,失去了感情,但一定要保留尊严,即便你当初爱得很深,也要干脆一点。离开他你一样可以活得很好!

其实,情尽时,自有另一番新境界,所有的悲哀终会过去。情尽时,转个弯你还能飞,别为谁彻底折断了羽翼。要知道,爱情是两个原本不同的个体相互了解、相互认知、相互磨合的过程。磨合得好,自然是恩爱一生,磨合得不好,便免不了要劳燕分飞。当一段爱情画上句号,不要因为彼此习惯而离不开,抬头看看,云彩依然那般美丽,生活依旧那般美好。其实,除了爱情,还有很多东西值得我们为之奋斗。

八、留住个性，不要丢失你自己

有多少人曾想过改变自己，以追逐想要的一切，到头来才发现，自己做了一个邯郸学步的寿陵少年，不仅没有得到自己想要的，还丢了自己最初拥有的。那么，当初为什么就不能尊重自己的本性，做那个最真的自己？也许正是因为没有彻悟。

活得真实一些

生活中，总有些人喜欢把自己伪装起来，让人见不到其真面目，这种人其实活得很累。所以我们要做真实的自己，首先就要去掉伪装，让人见到你的本来面目。

然而有些人可能习惯了戴着面具生活，他们煞费苦心地掩盖自己的某些不足和缺陷，或是将自己置身于一个虚幻的境界之中，这是非常无知和自卑的。这些人企图以一个十全十美、无所不能的形象出现在别人面前，以此来博得大家的爱戴和尊敬，殊不知，这样做是徒劳无益的，到头来反而还会使自己落到非常尴尬的境地。因为假的、虚的东西，总是非常短暂的，就像烟雾再浓密总会散去、彩虹再美总是短暂、海市蜃楼再壮观总会消失一样，虚伪就如同大雪覆盖下的荒原，春天到来，冰雪融化，贫瘠、荒凉的面貌就会暴露无遗。

曾看到这样一个故事，很值得我们深思：

有一位女子，出身于一个平凡的家庭，做一份平凡的工作，嫁了一个平凡的丈夫，有一个平凡的家，总之，她十分平凡。

忽然有一天，报纸大张旗鼓地招聘一名特型演员，演王妃。

她的一位好心朋友替她寄去一张应聘照片，没想到，这个平凡女子从此开始了她的"王妃"生涯。

太艰难了，她阅读了大量的关于王妃的书，她细心揣摩王妃的每一缕心事，她一再模仿着王妃的一颦一笑，一言一行……

不像，不像，这不像，那也不像！导演、摄影师无比挑剔，一次又一次让她重来……

现在，平凡女子已能驾轻就熟地扮演"王妃"了，进入角色已无须费多少时间。但糟糕的是，现在她要想恢复到那个平凡的自己却非常的困难，有时要整整折腾一个晚上。每天早晨醒来，她必须一再提醒自己"我是××"，以防止自己毫无理由地对人颐指气使；在与善良的丈夫和活泼的女儿相处时，她必须一再地告诉自己"我是××"，以避免莫名其妙地对他们喜怒无常。

平凡女子深有感触地对人说："一个享受过优厚待遇和至高尊崇的人，恢复平凡实在太难了。"

说这话时，她仍然像个"王妃"。

所谓假作真时真亦假，许多人都是这样被"戏装"异化了，以至于曲终人散后，还卸不下妆来，也找不到自己。

在现实生活中，有多少人为了在别人面前显耀他的本事，而故意装出一种全知全能的架势；为了在别人面前摆阔，而故意一掷千金。不知他们在潇洒一通过后是否感受到一种空虚、无聊。

人，活着不是装给别人看的，不是为别人的观念而活着的。每个人都有每个人的活法，为什么要让别人肯定，自己心里才会舒服呢？莫不如活得真实一些，也许我们身上穿的不是金缕玉衣，戴的不是翡翠玉石，但我们的内心深处，同样可以拥有一种坦然，一种摆脱一切伪装的自在。这就要我们活得真实一些，去面对现实，面对理想与现实之间的差距，只有这样，我们才会稳下心来，为自己的理想与生活去打拼；只有这样，才能展现出我们真正的实力；只有这样，我们的腰杆才能直直地挺起；只有这样，我们才不会在朋友面前谈到自己时，心里发虚。

所以活得真实一些吧，活得真实一些，我们就能坦荡无悔地走过此生。

任何时候，都不要轻视了自己

年龄一年比一年大，面对的挑战也会一天比一天多。这时候，每个人心里多少都会有一些担心，生怕自受不住考验，也正是因为这个原因，当自己面临挫败的时候，很多人都会一脸茫然。其实这只不过是一个成长的过程，是你从稚嫩走向成熟的转变过程，在这种转变中你必须学会自信，因为只有足够自信，你才能向世界证明自己的实力，才能告诉别人："我是最优秀的。"

诚然，我们每天都要面对这样那样的问题和挑战，不论是工作上的还是生活上的。有的人面对这些事情时开始感到茫然与无助，而另有一些人却能从中找到属于自己的成就感，这就是一种自信的表现。在这个充满竞争的世界里，想拥有自己的一席之地并非一件容易的事情，要想在这场争夺赛中取得成功，我们首先就要拥有十足的信心，相信自己通过努力一定可以成功，即便不是现在，但至少胜利的那一天也不会太遥远。

等到我们老了，遥想自己20多岁的时候，也是心怀梦想的阳光少年，那份叛逆，那股闯劲儿至今还记忆犹新，然而当年龄一天天地大了，有棱有角的自己慢慢地在时间的磨砺下变得圆滑，

| 八、留住个性，不要丢失你自己 |

那种曾经的自信似乎在不知不觉中消散了，有的人说："我只希望自己和家人都能够平平安安、快快乐乐就好。"但是你有没有想过，平安应该怎样保持？快乐又该怎样保鲜？当我们心底的声音越来越小，当我们将理想和自信送进坟墓，整个生活都将因此而黯淡下来，人生还有什么意义呢？

很多人不成功，找起原因来总会有十条八条，其中"致命的"就一条：是你认为自己不行。比如说，领导派你去开展一项新业务，你第一句话就是："我能行吗？"当你对自己产生怀疑的时候，别人也就因此对你产生了怀疑。于是你越来越自卑，越来越觉得自己一无是处。说穿了，这就是自己怀疑自己的弊端。一个人如果往自己身上设置限制的话，这必将会成为成功的最大障碍之一。所以，如果你想要成功，那么首先就要相信自己！

说到这里忽然想起了这样一个故事：

从前，有个男孩子，从小在孤儿院里长大。在他18岁生日那天，他对院长说："我都长成大人了，还不知道亲生父母是谁，像我这样没人要的孩子，活着真没有意义。"院长说："你以前可没有这样的想法啊，今天到底是怎么了？"他回答道："我马上要走向社会了，忽然感到会有很多陌生的眼睛盯住我，他们会嘲笑我，看不起我，让我不寒而栗。"院长想了想，说："这样吧，你先把你的想法放一放，明天先去帮我办一件事，行吗？"男孩点点头同意了。

第二天院长就交给他一块石头，圆圆的石头，看起来像一块宝石。院长告诉他："你拿着这块石头去集市，找个地方摆上，写上售价10元。一定记住，不论别人出多少钱，你绝对不能'真卖'。"男孩拿着石头就去了菜市场，蹲在一个角落，很快就

· 179 ·

有人上来围观。有个人说："哎，你这块石头卖吗？""卖。""多少钱？""10元。"可是人家真的要买的时候，男孩却说："不卖了。"人家说："那我给你20元。""20元也不卖。""30元行不行？""不行。"因为他答应院长了，谁出多少钱也不卖。

晚上，男孩回到孤儿院。院长说："明天不要去集市了，你换个地方到黄金市场试试，石头标价50元。还是我那句话，别人出多少钱都不要卖。"结果呢，石头摆了一个上午，没人理睬。到了下午有人要买了，男孩又不卖，最后有人出价到100元钱，男孩说："不行，价格还低，我不能卖。"他回去后跟院长说："这么一块破石头，人家已经出价不低了，你到底为啥不让我卖呢？"院长笑了笑，说："明天你带着石头到宝石店门前卖，标价100元。"男孩挠挠头，心里想这下子肯定无人问津了。

没想到水涨船高，很快有人出价到200元、300元，到了傍晚竟然有人抬价到1000元了。男孩这时候想，卖了吧，能卖到这样的高价，院长肯定会高兴的。但是他刚刚要出手的时候，院长的嘱咐又响在了耳边，他不得不把这块石头又拿了回来。这个晚上院长对他语重心长地说："为什么不让你卖掉呢？因为你从小没有父母，你的命运就像这块石头一样，心里头感觉冰凉冰凉的。但是，不要管别人是否看得起你，你只要自己看得起自己，永远不要把自己出卖，这样你一辈子才会不停地升值。"

这个故事对于我们来说，还是很有教育意义的。其实，我们每个人都是一块闪闪发光的宝石，只不过自己总是不相信自己身上那绚烂的光环。如果你能相信自己，那么未来就是你的。其实，生活就是这样，只要你拥有自信，只要你愿意为心中的理想而执着，那么没有什么事情是办不到的，当然前提是，你要有实

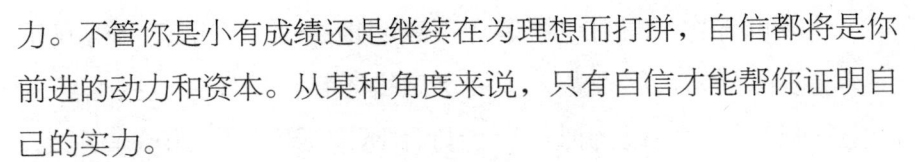

力。不管你是小有成绩还是继续在为理想而打拼，自信都将是你前进的动力和资本。从某种角度来说，只有自信才能帮你证明自己的实力。

所以说，任何时候，我们都不要轻易看低自己，不要轻视了自己，因为在这世上每个人都很重要，都有存在的价值。

不为别的，就为自己而活

一个人活在别人的价值观里就会变得虚荣，因为太在意别人的看法就会失去自我。每个人都应当为自己而活，追求自我价值的实现以及自我的珍惜。

所以说，人在一定程度上要为自己而活。是的，人为自己而活，不为上帝而活，更不能一味地为别人而活。我们的成功是我们亲手创造的，别人的路不一定适合我们，所以不要盲目崇拜任何人。你是独立的个体，不是任何人的附属品，所以在你有限的时间里，活出自己的人生，这才是成功。

有这样一个故事，或许能够让你明白活着的价值：

珍妮正在弹钢琴，7岁的儿子走了进来。他听了一会儿说："妈，你弹得不怎么高明吧？"

不错，是不怎么高明。任何认真学琴的人听到她的演奏都会这么觉得，不过珍妮并不在乎。多年来珍妮一直这样不高明地弹着，弹得很高兴。

珍妮也喜欢不高明地歌唱和不高明地绘画。从前还自得其乐于不高明的缝纫，后来做久了终于做得不错。珍妮在这些方面的能力不强，但她不以为耻。因为她不愿意活在别人的价值观里，她认为自己有一两样东西做得不错。

"啊，你开始织毛衣了。"一位朋友对珍妮说，"让我来教你用卷线织法和立体织法来织一件别致的开襟毛衣，织出12只小鹿在襟前跳跃的图案。我给女儿织过这样一件毛衣，毛线是我自己染的。"珍妮心想，我为什么要找这么多麻烦？做这件事只不过是为了使自己感到快乐，并不是要给别人看以取悦别人的。珍妮看着自己正在编织的黄色围巾每星期加长5~6厘米时，还是自得其乐。

从珍妮的经历中不难看出，她生活得很幸福，而这种幸福的获得正在于，她做到了不是为了向他人证明自己是优秀的而有意识地去迎合别人的认可。改变自己一向坚持的立场去追求别人的认可并不能获得真正的幸福，这样一条简单的道理并非人人都能在内心接受它，并按照这个道理去生活。因为他们总是认为，那种成功者所享受到的幸福就在于他们得到了这个世界上大多数人的认可。

其实，获得幸福的最有效方式就是不为别人而活，不让别人的价值观影响自己。通过和自己紧紧相连，把你积极的自我形象当作你的顾问，通过这些，你就能得到更多的认可。

我们人生的时间有限，所以不要为别人而活。不要被教条所限，不要活在别人的观念里，不要让别人的意见左右自己内心的声音。最重要的是，勇敢地去追随自己的本心，只有自己的本心才知道自己的真实想法。我们无法改变别人的看法，能改变的仅是我们自己。要想讨好每个人是愚蠢的，也是没有必要的。与其把精力花在一味地去讨好别人，无时无刻地去顺从别人，还不如把主要精力放在踏踏实实做人、兢兢业业做事上。

不要让别人的话，打乱你的心

我们说人要有主见，并不是说要我行我素，刚愎自用，听不进别人的意见，错了也不接受批评。而是要坚持真理，坚持自我，不过多去理会外人的评价，"走自己的路，让别人去说吧"。

有个笑话，说是有父子两人，去集市上买了一头驴，牵着回家。路上行人看见了，笑道："这爷俩，有驴不骑偏要走路，真是笨到家了。"父子俩听了觉得有理，于是父亲骑上驴，儿子在下面跟着。

"真是的，这当爹的也太狠心了，竟然让一个小孩子走路，自己却舒服地骑驴。"父亲听了赶忙下来，让儿子骑驴，自己走路。走了一阵，又有人议论："哪有这等不孝顺的儿子，怎么忍心让自己上了年岁的老爷子受累，真是不像话！"父亲听了又觉得这样很不应该，但又怕人说闲话，于是两个人都骑了上去。一头驴驮两个人，把驴累得直喘粗气，有人看见了，说："你们两个再这样下去，要把驴累死啊。"两人又下来，这下可为难了，骑也不是，不骑也不是，一个人骑不是，两人骑还不是。爷俩一合计，把驴的腿用绳子捆起来，找了根扁担穿上绳子，两人一前一后，把驴抬着走。不知道如何是好，干脆就这样抬着驴走吧。

走到了一座独木桥上，驴被捆得四蹄酸疼，实在受不了，挣扎起来。"扑通"一声，两个人连同驴子一起掉进了河里……

这件事固然让人觉得好笑，但笑过之后想一想，我们自己是不是也经常有被人误导、不知所措、拿不定主意、随风摇摆的时候呢？这其实很正常，再果断的人都难免在一些事上踌躇不决。但若凡事没有主见，人云亦云，就会失去自我，变成一个混在人堆里的平庸之辈。

许多人在找工作的时候，总是被各种外来的意见所困扰，不知道该如何选择。

小娜是一名应届毕业生，学的是计算机专业，但她也十分喜欢文学。她去人才市场找工作，面对许多用人单位开出的条件，她始终拿不定主意。家里人希望她找一个收入稳定、不太辛苦的工作，而且不要离家太远。可与她专业对口的IT公司大多都在北京、深圳，而且工作都很辛苦，她不想违背父母的意愿。有一个学校招聘计算机老师，她想去试试，但那个学校提出要有一年的试用期，她觉得太长；还有人介绍她到一个小杂志社去当专栏编辑，而她的一个开店的朋友又劝她说这年头靠稿费挣不了几个钱，不如和她合伙去做生意……她在不停地犹豫，迟迟作不了决定，最后那些工作机会都被别人抢走了，她还是不知道自己的未来在哪里。

有时候越想周全就越难周全。想把方方面面都照顾到、皆大欢喜是不太可能的。即便是再好的事也会有反对的声音，你不可能指望所有的人都同意你。你再怎么努力去迎合、迁就别人，也会有人对你指指点点、说三道四。既然被批评、被议论是避免不了的，为什么不按照自己想好的去做呢？

其实很多时候我们事业无成，内心焦虑，恰恰就是因为我们

八、留住个性，不要丢失你自己

习惯于受到他人影响，无论对错，所做的一切只是为了让人家满意，结果可能是别人满意了，我们却失意并焦虑了。其实我们做人应该有这样一种魄力——"走自己的路，让别人去说吧！"别让任何人扰乱我们的心、阻挠我们前进的步伐。

但事实上，这的确有点困难，但是我们不要因此而感到绝望，因为这并不表示你自己的"疆界"已经宣告沦陷，你也用不着把你的疆界缩小。在你心中，也许有些力量正在内心深处冬眠，等着你在适当的机会去发掘及培养。通过这种培养，你可以让自己走到更远的地方。

在这个世界上，没有两个人是完全相同的。如果你想发展自己的特点，只有靠自己。在这个世界里，"复印本"的人太多了，你应该去做自己的"正本"。但这并不表示你一定要标新立异。

人们很喜欢艾森豪威尔将军的原因之一在于，他是个很单纯的人，绝不矫揉造作。虽然他是世界著名的军事将领，却比普通人更谦虚。他的陆军部属马帝·史耐德在《我的朋友艾克》一书中，提到第二次世界大战结束之后，艾森豪威尔将军去他所开的餐厅拜访时的情形："艾森豪威尔将军从欧洲回国之后，来到餐馆用餐。我们一起进餐，我告诉他，我很希望看到他成为美国总统，并且已经向很多人谈到这件事。他听了之后哈哈大笑，他说：'听我说，马帝，我是军人，我只想安安分分当一名军人。'我说：'将军，我从来没想过要当一名军人，但他们却征召我去当兵。我想，到时候，他们也会征召你去竞选总统。'艾克回答说：'我深信不会有这种事。'"

正是艾森豪威尔的纯真和谦虚，使得他一生都备受人们爱戴。

在某些地方，我们必须遵守团体规则。如果我们想被这个文明社会当作有用的一分子，就必须这样。但是，在其他地方却可以自由表现我们的特点，从而显得与众不同。现代生活中，很容易犯的一个重大错误就是：一开始就估计得过高或行动过度。有许多人之所以购买最新型的汽车，是因为他的邻居买了这样一部新车；或是为了相同的原因而搬入新屋居住。这种现象极为普遍。

这里我们要说的是，如果你也急着向别人看齐，那你将无法获得快乐的生活，因为你所过的不是你的生活，而是某个人的生活。

当你在一次社交场合发表某种意见，别人却哈哈大笑时，你是否会立刻沉默不语，退缩起来？如果真是这样，那么你要把下面的这些话当作一顿美餐好好吸收消化，因为它们将赐给你一种神奇的力量，使你在芸芸众生中保持自己的特点。

承认你有"与众不同"的权利。我们都有这种权利，但许多人却不懂得如何运用。不要盲从，当你的意见与大部分人的意见不同时，可能有人会批评你，但是一个思想成熟的人是不会因为别人皱眉就感到不安的，也不会为了争取别人的赞许而出卖自己。

支持你自己。你必须成为自己最要好的朋友。你不能老是依赖他人，即使他是个大好人，他也必定会首先照顾自己的利益，而且他内心也一定有些问题在困扰他。只有你充分支持自己，并加强你的信心，才能使你在人群中保持独特的风格。

不要害怕恶人。几乎所有的人都能够正正当当地做事——只要你给他们公平的机会。然而还是有些所谓的"恶人"，有时会用一些不正当的手段争名夺利。这些人利用别人的自卑感，以漂亮的空话迷惑对手，或恫吓竞争者。你要学习应付讥笑与怒骂，坚守自己的权益，大大方方地表达自己的信仰与感觉。记住，恶人的内心深处其实也很空虚，他的攻击只是防卫性的掩护而已。

想象你的成就。有时你会觉得心情不好，或者跟某些人相处不来，觉得自己是个失败者。不要沮丧，这种情形任何人都有可能遇到。只要你想象出快乐的时刻，使你感到自由、活泼，就能够恢复信心。如果你的脑海中无法立即浮现这些情景，请你继续努力，因为它是值得你继续努力的。

没有自我的生活是苦不堪言的，没有自我的人生是索然无味的，丧失自我更是悲哀的。要想拥有不焦虑的生活，我们必须自强自立，拥有良好的生存能力。没有生存能力又缺乏自信的人，肯定没有自我。一个人若是失去了自我，就没有了做人的尊严，更不能获得别人的尊重。

我们必须认清，人活着就是为了实现自己的价值，所以，应该按照自己的意愿去活，不去迎合别人的意见。每个人都应该坚持走为自己开辟的道路，不为流言所吓倒，不被他人的观点所牵制。让人人都对自己满意，这是个不切实际、应当放弃的想法。

要知道，我们无法改变别人的看法，能改变的仅是我们自己。每个人都有自己的想法、看法，不可能强求统一。改变别人不容易，按自己的意愿生活却不难。

没有人是你的靠山，你只能靠自己

那些叫苦的人并没有真觉悟，只是对"苦"有了初步的感受，但"苦"的程度还不够，若是真正能吃苦的人，不会浪费时间叫苦,而会在反思过程中将所有精力用在化解苦上。从生命的低谷重新上升,这叫"转迷成悟"。用在我们日常的生活中,可以解释为:在哪里跌倒,就从哪里爬起来。跌倒了,只要能够爬起来,坚持下去,就会成功。所以,我们不要因为命运的怪诞而俯首听命于它,任凭它的摆布。等年老的时候,回首往事,就会发觉,命运是由自己掌握的。

做人,就应该有点自强精神,不要一遇到困难便萎靡不振,更不要把所有希望寄托在别人身上。我们必须认识到,这个世界上没有谁是我们永久的靠山,一心指望他人,就只会靠山山倒,靠人人跑,到那时我们又会焦虑不已,感觉自己无所依附。所以,我们要做的,就是让自己刚强起来,凭借自己的力量从跌倒的地方再爬起来。

我们来看看下面这个故事,或许会对我们有一些启发:

有个中国大学生以非常优秀的成绩考入加拿大的一所著名学府,进行深造。初来乍到的他因为人地两生,沟通上存在一定障碍,饮食上又不习惯,于是思乡之情越发浓重,没过多久就病倒了。为了治病,他几乎花光了父母给他寄来的钱,因此他的生活渐渐陷入了困境。

等到病好以后,留学生来到当地一家中国餐馆打工,老板答应给他每小时10加元的报酬。但是,还没有干到一个星期,他就受不了了,要知道他可从来没做过这么辛苦的工作,他扛不住了,于是辞了工作。就这样他依靠父母的帮助,勉勉强强坚持了一个星期,此时他身上的钱已经所剩无几。所以在放假时,他便向校方申请退学,急忙赶回家乡了。

当他走出机场以后,远远地便看到了前来接机的父亲。一时间，他的心中满是浓浓的亲情，或许还有些委屈、抱怨——他可从来没吃过这么多的苦。父亲看到他也很高兴，他张开双臂准备拥抱良久不见的儿子。可是，就在父子即将拥在一起的刹那，父亲突然一个后撤步，儿子顿时扑了个空，重重地摔倒在地。他坐在地上抬头望着父亲，心中充满了迷惑——难道父亲因为自己退学的事动了真怒？他伸出手，想让父亲将自己拉起来，而父亲却无动于衷，只是语重心长地说道："孩子，你要记住，跌倒了就要自己爬起来，这个世界上没有任何一个人会是你永远的依靠。你如果要想生存，要想活得更好，只能靠自己站起来！"

听完父亲的话，他心中充满惭愧，他站起来，抖了抖身上的灰尘，接过父亲递给自己的那张返程机票。

他不远万里匆匆赶回家乡，想重温一下久违的亲情，却连家门都没有踏入便返回了学校。从这以后，他发愤努力，无论遇到多少困难、无论跌倒多少次，都咬着牙挺了过来。他一直记着父亲的那句话——"跌倒了就要自己爬起来！"

一年以后，他拿到了学校的最高奖学金，而且还在一家具有国际影响力的刊物上发表了数篇论文。

是的，在这世界上没有谁是你真正的靠山，你真正可以依靠的只能是你自己。

人生就像在爬山，一路上总是坎坷不断，跌倒了便爬起来，这才能登上山顶。跌倒了就趴着，这就是懦夫。如果你放弃了站起来的机会，就那样萎靡地坐在地上，不会有人去搀扶你。相反，你只会招来别人的鄙夷和唾弃。要知道，如果你愿意趴着，别人是拉不起你的，即便是拉起来，你早晚还会趴下去。

人不怕跌倒，就怕一跌不起，这也是成功者与失败者的区别所在。在这个世界上，最不值得同情的人就是被失败打垮的人，一个否定自己的人又有什么资格要求得到别人的肯定？自我放弃的人是这个世界上最可怜的人，因为他们的内心一直被自轻自贱的毒蛇噬咬，不仅丢失了心灵的新鲜血液，而且丧失了拼搏的勇气，更可悲的是，他们的心中已经被注入了厌世和绝望的毒液，原本健康的心灵逐渐枯萎……

那么要怎样阻止这种状况的发生呢？

首先，不要轻言放弃。在崎岖的人生道路上，放弃的念头随时都会悄然出现，尤其是当我们迷惑、劳累困乏时，更要加倍地警惕。偶尔短时间地滑入低落状态是很正常的现象，但长期处于低落之中就会酿成人生的灾难了。所以无论做什么事，我们都不要轻言放弃。

其次，不要轻易下结论否定自己，不要怯于接受挑战。大家要记得，只要开始行动，就不会太晚；只要去做，就总有成功的可能。世上能打败我们的只有我们自己，成功之门一直虚掩着，除非你认为自己不能成功，它才会关闭，而只要你自己觉得可能，那么一切就皆有可能。

换言之，要想堂堂正正地活着，我们就一定要自强不息，有了自强精神，才能产生勇气、力量和毅力。具备了这些，困难才有可能被战胜，目标才可能达到，胜利才可能拥有。但是，我们不要自负，更不要痴妄，我们把这份信心建立在崇高和自强不息的基础之上才有意义。心中有了自强不息的信念，我们才有动力去获得成功。

守住心门，守住内心的个性

对于大多数人来说，生活是平凡而又单调的，但我们要在这平凡中创造出不平凡，在单调中发掘出不单调，这就需要我们去创新，在智慧的涌动中寻求生活的快乐和幸福。创造性活动不是科学家的专利，每个人都可以进行或大或小的创造性活动。创造性活动并非高不可攀，只要我们开动脑筋，改变事物固有的模式，推出令人耳目一新的东西，就是创造。

不过有一点我们必须明白，既然是创造，我们就尽量不要去模仿，虽然模仿是人类生存的本能，从出生的那一刻起我们都在模仿，但随着年龄的增长，我们都呈现出了自己的个性，这是一种必需的转变，如果说我们的生命中就只剩下模仿，而彻彻底底失去了自我，那么请问：我们活着的意义究竟是什么？

有这样一个故事，读过以后或许会给大家一些启发：

从前，有个小男孩要去上学了。他的年纪这么小，学校看起来却是那么大。小男孩发现进了校门口便是他的教室时，他觉得高兴。因为这样学校看起来，不再那么巨大。

一天早上，老师开始上课，她说："今天，我们来学画画。"小男孩心想："好哇！"因为他喜欢画画。

他会画许多东西，如，狮子、老虎、小鸡、母牛、火车、船儿……

他兴奋地拿出蜡笔，径自画了起来。

但是，老师说："等等，现在还不能开始。"

老师停了下来，直到全班的学生都专心地看着她。老师又说："现在，我们来学画花朵。"

小男孩心里高兴，我喜欢画花儿，他开始用粉红色、橙色、蓝色的蜡笔勾勒出他喜欢的花朵。

但此时，老师又打断大家："等等，我要教你们怎么画。"

于是她在黑板上画了一朵花。花是红色的，茎是绿色的。"看这里，你们可以开始学着画了。"

小男孩看着老师画的花，又看看自己画的，他比较喜欢自己的花儿。

但是他不能说出来，只能把老师的花画在纸的背面，那是一朵红色的花，下面长着绿色的茎。

又有一天，小男孩进入教室，老师说："今天，我们用黏土来做东西。"

男孩心想："好棒。"他喜欢玩黏土。他会用黏土做许多东西：蛇、雪人、大象、老鼠、汽车、货车……他开始揉搓那球状的黏土。老师说："现在，我们来做个盘子。"

男孩心想："嗯，我喜欢。"他喜欢做盘子，没多久，各式各样的盘子便做出来了。但老师说："等等，我要教你们怎么做。"她做了一个深底的盘子。"你们可以照着做了。"

小男孩看着老师做的盘子，又看看自己的。

他实在是喜欢自己的，但他不能说，他只是将黏土又揉成一个大球，再照着老师的方法做，那是一个深底的盘子。

很快地，小男孩学会等着、看着，仿效着老师，做相同的事。

八、留住个性，不要丢失你自己

很快地，他不再创造自己的东西了。

一天，男孩全家人要搬到其他城市，而小男孩只得转学到另一所学校。

这所学校甚至更大，教室也不在校门口。现在，他要爬楼梯，沿着长廊走才能到达教室。

第一天上课，老师说："今天，我们来画画。"

男孩想："真好！"他等着老师教他怎么做，但老师什么也没说，只是沿着教室走。

老师来到男孩身边，她问："你不想画吗？"

"我很喜欢啊！今天我们要画什么？"

"我不知道，让你们自由发挥。"

"那，我应该怎样画呢？"

"随你喜欢。"老师回答。

"可以用任何颜色吗？"

老师对他说："如果每个人都画相同的图案，用一样的颜色，我怎么分辨是谁画的呢？"于是，小男孩开始用粉红色、橙色、蓝色画出自己的小花。

小男孩喜欢这个新学校，即使教室不在校门口。

盲目地跟从他人，你只能看到人家的后背，既看不清脚下的路，也无法看清方向，更观赏不了远方的风景。画家如果拿旁人的作品作自己的标准或典范，他画出来的画就没有什么价值。如果努力地从自然事物中学习，他们就会得到很好的结果。我们的思想总是局限在学校书本中得来的，我们只有挣脱束缚，用本性去思考问题，才能取得观念上的突破。生存于现今社会，个性无须张牙舞爪地袒露在外，这样易引发他人的反感，但没有了个性，生命就会失去光彩。世界上最可怕的事情就是迷失了自我。一旦在盲从中失去了自我，那么，无论如何也是换不来成功的。

我们再来看看这样一个寓言故事：

一个石油大亨正在向天堂走去，但圣·彼得对他说："你有资格住进来，但为石油大亨们保留的大院已经满员了，没办法把你安排进去。"

这位大亨想了一会儿后，请求对大院里的居住者说一句话。这对圣·彼得来说似乎没什么坏处。于是，圣·彼得同意了大亨的请求。这位大亨大声喊道："在地狱里发现石油了！"大院的门很快就打开了，里面的人蜂拥而出，向地狱奔去。

圣·彼得感到非常惊讶，于是请这位大亨进入大院并要他自己照顾自己。大亨迟疑了一下说："不，我认为我应该跟着那些人，这个谣言中可能会有一些真实的东西。"说完，他也朝着地狱飞奔而去。

这就是人们常说的从众心理，所谓从众心理，是指个体受到群体的影响而怀疑、改变自己的观点、判断和行为等，以便和他人保持一致。对于这种行为缺乏认识与体验，跟随他人行动的现象，在日常生活中通常表现为"随大溜""无主见"。在认知事物、判定是非的时候，多数人怎么看、怎么说，自己就跟着怎么看、怎么说，人云亦云；多数人做什么、怎么做，自己也跟着做什么、怎么做，缺乏独立思考的能力。

在生活中，经常能听到这样的广告：你买我买大家买，一片轰轰烈烈。既然"大家"都买了，如果我还不赶快动手，岂不是要与时尚脱钩了？殊不知，正是这种一味盲目的从众心理，扼杀了一个人的积极性、判断力和创造力。曾听到过这样一种论断：

"一项新事业，在十个人当中有一两个人赞成就可以开始了；有五个人赞成时，就已经迟了一步；如果有七八个人赞成，那就为时太晚了。"一个缺乏主见和个性的人注定不会获得多么惊人的成功，至多是随大溜地获得一些小利益罢了。

所以请记住，务必要守住心门，守住你内心的个性，这才是你创造生活的源泉，是你取之不尽、用之不竭的宝库。

保持本色，坚守做人的原则

不能坚持自己的原则的人，就好像墙上的草，随风摇摆不定，找不到自己的方向。这样的人，是得不到别人的信任的，更谈不上成功。如果你自己都不确定想要什么、不要什么，别人又怎么给你呢？所以不要为了谋取小功小利而不择手段，甚至放弃自己的原则。

有这样一则故事：

国外某城市公开招聘市长助理，要求必须是男人。当然，这里所说的男人指的是精神上的男人，每一个应考的人都理解。

经过多番角逐，一部分人获得了参加最后一项"特殊的考试"的权利，这也是最关键的一项。那天，他们云集在市政府大楼前，轮流去办公室应考，这最后一关的考官就是市长本人。

第一个男人进来，只见他一头金发熠熠闪光，天庭饱满，高大魁梧，仪表堂堂。市长带他来到一个特殊的房间，房间的地板上撒满了碎玻璃，尖锐锋利，望之令人心惊胆寒。市长以威严的口气说道："脱下你的鞋子！将桌子上的一份登记表取出来，填好交给我！"男人毫不犹豫地将鞋子脱掉，踩着尖锐的碎玻璃取出登记表，并填好交给市长。他强忍着钻心的痛，依然镇定自若，表情泰然，静静地望着市长。市长指着大厅淡淡地说："你可以去那里等候了。"男人非常激动。

　　市长带着第二个男人来到另一间特殊的房间，房间的门紧紧关着。市长冷冷地说："里边有一张桌子，桌子上有一张登记表，你进去将表取出来填好交给我！"男人推门，门是锁着的。"用脑袋把门撞开！"市长命令道。男人不由分说，低头便撞，一下、两下、三下……头破血流，门终于开了。男人取出登记表认真填好，交给了市长。市长说道："你可以去大厅等候了。"男人非常高兴。

　　就这样，一个接一个，那些身强体壮的男人都用意志和勇气证明了自己。市长表情有些凝重，他带最后一个男人来到一所特殊的房间，市长指着房间内一个瘦弱老人对男人说："他手里有一张登记表，去把它拿过来，填好交给我！不过他不会轻易给你的，你必须用铁拳将他打倒……"男人严肃的目光射向市长："为什么？""不为什么，这是命令！""你简直是一个疯子，我凭什么打人家？何况他是一个老人！"

　　男人气愤地转身就走，却被市长叫住。市长将所有应考者集中在一起，告诉他们，只有最后一个男人过关了。

　　当那些伤筋动骨的人发现过关者竟然没有一点伤时，都惊愕地张大了嘴巴，纷纷表示不满。

　　市长说："你们都不是真正的男人。"

"为什么?"众人异口同声。

市长语重心长地说道:"真正的男人懂得反抗,是敢于为正义和真理献身的人,他不会选择唯命是从,做出没有道理的牺牲。"

……

我们是不是应该从中感悟到点什么?人的成功离不开交往,交往离不开原则。只有坚持原则的人,才能赢得良好的声誉,他人也愿意与你建立长期稳定的交往。坚持原则还使人们拥有了正直和正义的力量。这使你有能力去坚持你认为是正确的东西,在需要的时候义无反顾,并能公开反对你确认是错误的东西。

一个刚从医学院毕业的学生,在一家医院实习,实习期为一个月。在这一个月内,如果能够让医院满意,他就可以正式获得这份工作;否则,就得离开。

一天,交通部门送来了一位因遭遇车祸而生命垂危的人,实习生被安排做外科手术专家——该院院长亨利教授的助手。复杂艰苦的手术从清晨进行到黄昏,眼看患者的伤口即将缝合,这位实习生突然严肃地盯着院长说:"亨利教授,我们用的是12块纱布,可你只取出了11块。""我已经全部取出来了,一切顺利,立即缝合。"院长头也不抬地回答。"不,不行。"这位实习生高声抗议道。"我记得清清楚楚,手术中,我们只用了11块纱布。"院长没有理睬他,命令道:"听我的,准备缝合。"这位实习生毫不示弱,他几乎大叫起来:"你是医生,你不能这样。"直到这时,院长冷漠的脸上才露出欣慰的笑容。他举起左手里握的第12块纱布,向所有的人宣布:"他是最合格的学生。"

院长在考验实习生是否坚持自己的原则,而实习生具备了这一点。这位实习生后来获得了这份工作。没有任何人能勉强你服从自己的良知，然而，不管怎样，一个坚持原则的人是会做到这些的。

坚持原则还会给我们带来许多，诸如友谊、信任、钦佩和尊重，等等。人类之所以充满希望，其原因之一就在于人们似乎对原则具有一种近乎本能的识别能力，而且不可抗拒地被它所吸引。

那么，怎样才能做一个坚持原则的人呢？答案有很多，其中重要的一个是：要锻炼自己在小事上做到完全诚实。不要编造小小的谎言，不要在意那些不真实的流言蜚语。这些听起来可能是微不足道的，但是当你真正在寻求并且开始发现它的时候，它本身所具有的力量就会令你折服。最终，你会明白，几乎任何一件有价值的事，都包含着它自身不容违背的原则，这些将使你成功做人，并以自己坚持原则为骄傲。

每个人都应该这样——保持本色，坚守做人的原则，不忘我们做人之根本，是我们在这个世界上立身之基础所在。

不必按照别人的意愿生活

人生是短暂的，我们没有必要总是按别人的意愿去生活。如果自己这辈子都在听从别人的调遣，没有做过一件自己想做的事情，那无疑是一件很可悲的事情。其实人生的成功，不在于你为

八、留住个性，不要丢失你自己

自己积聚了多少财富，不在于你有了多么显赫的地位，而在于你这辈子做自己喜欢的事情多于自己不喜欢的事情。有句名言说："走自己的路，让别人去说吧！"

我们总是有着自己的追求和理想，也许这些追求和理想在很多人看来只不过是一些无稽之谈，但是只要你觉得这些事情能够办成，那最好还是不要受别人的影响。有句话说得好："真理往往掌握在少数人手里。"发明电灯前，尽管所有人都说那是天方夜谭，但是爱迪生终究把整个世界的夜晚点亮了。尽管在很久以前人能上天是一种不可能的奢望，但是今天我们的飞机还是上天了。这些都告诉我们，不要在乎别人说什么，只要按照自己的意愿去生活，只要你觉得你可以因此得到更多的快乐，就应该一直坚持地走下去。

我们时常会看到，有些人好像不在自己意志的指挥之下生活，而是在别人给他划定的范围之内兜圈子。他们奉为圭臬、赖以决定自己动向的，是"别人认为怎样怎样"、"我如不这样做，别人会怎样说"或"假如我这样做，别人会怎样批评"。不幸的是，别人的批评又是那么不一致：张三认为应该向东，李四认为应该向西，赵五认为应该向南，王六认为应该向北。你如选择其一，其他三人照样会指责你。于是，时常顾虑到"别人怎样说"的人，就只好一年到头在不知究竟怎样才好的为难之中团团转，总也走不出一条路来。这种人，即使侥幸由于天生善于应付而能达到不受批评的地步，他最大的成就也不过是个不被讨厌的人物。别人所给他的最大的敬意，也不过是说他圆滑周到而已，而就他本身来说，因为他终生被驱策在别人的意见之下，一定感到头晕眼花、疲于奔命，把精力全部消耗在应付环境、讨好别人上，以致没有余力去追求自己的梦想。

我们知道，生活并非一条平坦的通道，而是充满了起伏不定的挣扎与奋斗。很多人都是经过艰苦奋斗，最后终于获得成功的。可贵的是在奋斗过程中，他们都能保持自己的特点，坚持走自己的路。不过按自己的意愿去生活，的确不是一件容易的事。它的不易之处就在于，想法和行动之间，隔着惰性，而惰性又是人性的一大弱点，克服的难度可想而知；它的不易之处也在于，现实生活与理想生活之间，隔着世俗阻碍，而世俗也是不可逃脱之地，克服的难度可想而知。一个人要想按照自己的意愿生活，既要战胜自己，又要抵抗对手，这是非常艰巨的任务。

但无论如何我们都应该克服这困难，活出个堂堂正正的自我，因为没有自我的生活是苦不堪言的，没有自我的人生是索然无味的，丧失自我更是悲哀的。因为我们活着就是为了实现自己的价值，按照自己的意愿去活，而不是为了迎合别人的意见，就像一位智者所说的那样："每个人都应该坚持走他为自己开辟的道路，不为权威所吓倒，不受他人的观点牵制。"

所以，我们既然无法改变别人的看法，那就做好自己。再者说，每个人都有不同的想法，不可能强求统一，讨好别人是愚蠢的，也是没有必要的。所以我们与其把精力花在一味地去献媚别人、无时无刻地去顺从别人上，还不如把主要精力放在踏踏实实做人、兢兢业业做事、刻苦认真学习上。对于我们来说，按照自己的意愿去生活比什么都重要，不要在乎别人的评论，做自己想做的事情，这是我们走向成熟的标志。

九、实际一点，生活就会好一点

很多时候我们生活的痛苦，都来自我们那些不切实际的想法，又或者是因为我们急于求成、太过苛求，所以说我们需要活得实际一点。活得实际一点，不是要我们太现实、太势利，而是让我们灵活地去面对，面对生活中的挑战，并且知道我们自己的价值在哪儿。这样，我们的生活就不会太糟糕。

活得实际一点，谁都可以很幸福

幸福是一种内心的满足感，是一种难以形容的甜美感受。它与金钱、地位无关，只在于你是否拥有平和的内心、和谐的思想。

一个充满忌妒想法的人是很难体会到幸福的，因为他的不幸和别人的幸福都会使他自己万分难受；一个虚荣心极强的人是很难体会到幸福的，因为他始终在满足别人的感受，从来不考虑真实的自我；一个贪婪的人是很难体会到幸福的，因为他的心灵一直都在索取，而根本不会去感受。

幸福是不能用金钱去购买的，它与单纯的享乐格格不入。比如你正在大学读书，生活相当清苦，但却十分幸福。过来的人都知道，同学之间时常小聚，有说有笑，彼此交流读书心得，畅谈理想抱负，那种幸福之感至今仍刻骨铭心，让人心驰神往。昔日的那种幸福，今天无论花多少钱都难以获得。

一群西装革履的人吃完鱼翅鲍鱼笑眯眯地从五星级酒店里走出来时，他们的感觉可能是幸福的。而一群外地民工在路旁的小店里，就着几碟小菜，喝着啤酒，说说笑笑，你能说他们不幸福吗？

因此，幸福不能用金钱的多少去衡量，一个人很有钱，但不

九、实际一点，生活就会好一点

见得很幸福。因为，他或许正担心别人会暗地里算计他，或者为取得更多的利益而处心积虑。

其实，幸福并不仅仅是某种欲望的满足，有时欲望满足之后，体验到的反而是空虚和无聊，而内心没有忌妒、虚荣和贪婪，才可能体会到真正的幸福。

湖北的一个小县城里，有这样一家人，父母都老了，他们有三个女儿，大女儿大学毕业有了工作，其余的两个女儿还都在上高中，家里除了大女儿的生活费可以自理外，其余人的生活压力都落在了父亲的肩上。但这一家人都是快乐的。晚饭后，父母一同出去散步，和邻居们拉家常，两个女儿则去学校上自习。到了节假日，一家人聚到一块儿，更是其乐融融。家里时常会传出孩子们的笑声，邻居们都羡慕地说："你们家的几个闺女真听话，学习又好。"这时父母的眼里就满是幸福的笑。其实，在这个家里，经济负担很重，两个女儿马上就要考大学，需要一笔很大的开支。但女儿们却能给父母带来快乐，也很孝顺。父母也为女儿们撑起了一片天空，让她们在飞出家门之前不会感受到任何凄风冷雨。所以，他们每个人都是快乐和幸福的。

有道是"乐不在外而在心，心以为乐，则是境皆乐，心以为苦，则无境不苦。"意思是：一个人是否幸福不在于自己的外在情况怎样，而在于内在的想法。如果你有积极的想法，即使是日常小事，你也会从中获得莫大的幸福；倘若你消极思考，那么任何事情都会让你感到痛苦。苏轼说："人有悲欢离合，月有阴晴圆缺，此事古难全。"既然"古难全"，为什么你不去想一想让自己快乐的事，而去想那些不快乐的事？一个人是否感觉幸福，关键在于自己的想法。法国雕塑家罗丹说过："对于我们的眼睛，不是缺少美,而是缺少发现。"生活里有着许许多多的美好、许许多多的快乐,关键在于你能不能发现它们。

如果早上你起床时身体健康,没有疾病,那么你比有病之人更幸运,因为他们中有的甚至看不到下周的太阳了;如果你从未经历过战争的危险、牢狱的孤独、酷刑的折磨和饥饿的滋味,那么你的处境比很多人更好;如果你能随便进出教堂或寺庙而没有被恐吓、暴行和杀害的危险,那么你比许多人更有运气;如果你在银行里有存款,钱包里有票子,那么你属于世上那8%的最幸运之人;如果你父母双全,没有离异,且同时满足上面的这些条件,那么你的确是一个很幸运的人。

爱在现在时

生活中常会出现这样的现象,对于恋人的前一段感情,有些人往往容易惦记、比较,他或她不但自己对以往的人或事耿耿于怀,而且更不断地提醒恋人——"永远不要忘记。"如此一来,那个原本已经成为过去、与现在毫不相干的人,便长期纠缠在两个人的爱情生活之中,有时甚至导致爱情的破裂。

振东在大学时就和同班同学佳凝谈起了恋爱,两个人的感情一直很稳定,可是大学毕业后,佳凝留学去了美国,振东考虑到自己的事业在国内更有前途,所以根本就没有去国外的打算,而

九、实际一点，生活就会好一点

佳凝又不想很快回国，所以两个人经过协商，友好地分手了。

一次偶然的机会，一名叫佟可可的女护士闯进了振东的视线，经过长时间的观察，振东发现佟可可虽然只是中专毕业，但是人长得很漂亮，而且为人热情、大方、善良又有耐心，他觉得这种女孩非常适合做自己的妻子，因为自己是个事业狂，如果能够娶到佟可可这样的女孩做妻子，她一定会是个贤内助，肯定能成为自己发展事业的好帮手。于是在他的狂热追求下，佟可可终于成了他的恋人。

为了避免不必要的麻烦，振东从未对佟可可说起自己和佳凝的那段恋情。而振东和佟可可的感情也越来越热烈，甚至到了谈婚论嫁的地步。也正如振东所料，佟可可果然对他的事业帮助很大，休班的时候，佟可可总是到振东的住处帮助他打扫房间、洗衣、做饭，有时还帮助他查阅、打印资料，两个人都充分享受着爱情的甜蜜和美满。

可是，有一天，振东的一位大学同学从外地来这里出差，晚上在饭店为老同学接风的时候，振东带佟可可一起去了。由于久别重逢，振东和那位老同学都感到很兴奋，于是两个人都喝得有点过了，那个老同学忽略了佟可可的感受，对振东说，他们这些老同学都对振东和佳凝的分手感到十分遗憾，因为佳凝是那么才华横溢，将来肯定能在事业上大有作为，老同学原本都以为他们俩是天造地设的一对，在事业上一定会比翼双飞。

虽然那位老同学也说，今天见了佟可可后，也就不会再遗憾了，因为佟可可的漂亮和善解人意都是佳凝所无法比拟的，但是这丝毫没有减轻佟可可心中的痛苦，她第一次知道在自己之前，振东还有过一个聪明而有才华的女朋友，尤其是那个女朋友比自己优秀得多。她比自己学历高，而且还去了美国留学。在佟可可看来，振东之所以要对自己隐瞒这段感情，一是因为佳凝出国而抛弃了他，他出于一个男人的自尊而不愿意对自己提起；二是因为他至今都忘不了佳凝，而自己则完全是振东用来掩饰心灵创伤的一张创可贴罢了，她为自己成了佳凝在振东心目中的替代品而感到可悲。

所以那天回来后，佟可可跟振东大闹了一场，尽管振东百般解释自己是一心一意地爱着她的，至于佳凝，那完全属于过去，自己对她真的已经没有爱的感觉了，但是在佟可可的心中还是产生了疙瘩，在以后两个人交往的过程中，佟可可处处自觉或不自觉地拿佳凝来说事，有时候都让振东不耐烦。有时振东夸佟可可几句，她就冷不丁地来上一句："你以前是不是也常常这样夸佳凝？"如果有时候佟可可什么事情没做好，振东向她提意见，她就反唇相讥："对不起，我就是这种水平，谁叫你放走了才女，而交了我这个低学历、没本事的女朋友呢，后悔了吧！"

一次，振东要去美国出差，佟可可一边帮他收拾行李，一边问："就要见到佳凝了，心情一定很激动吧？"当时振东正急着整理去美国要用的一些资料，就没顾得上搭理佟可可，这让佟可可更加误会了，她又说："好马也吃回头草，如果现在佳凝还是一个人的话，你们这次就在美国破镜重圆了吧。"

这时，振东不耐烦地说："你怎么又拿佳凝说事，烦不烦啊！"不料，佟可可脸色大变："我学历低，能力差，不能和你比翼齐飞，你当然烦我了，要烦了就明说，别遮着捂着，我不是那种没有自尊、非要赖上一个男人不可的人。"说着便转身跑了。

由于第二天就要起程去美国，所以振东就想等回国以后再去

九、实际一点，生活就会好一点

找佟可可解释，可是令他没有想到的是，等他回国时，她已经火速地认识了一个男朋友，她对他说："我现在的男朋友各方面都不如你，我这么急着另找一个人，也是为了逼自己坚决地离开你，我必须断了自己的回头之路。"

其实，既然已经成为过去，那么，我们又何必拿自己与别人去比较呢？

"一旦拥有，别无所求"，拥有美好的事物时，我们虽说应该居安思危，但亦不可思危过度，不要每日纠结于那些已经成为过去的人或事，而应好好地去珍惜眼前人，唯有如此，我们的爱情才能长久。

一个7岁的孩子与妈妈玩耍。

小男孩翻着爸爸的相册，一个面容姣好、身材婀娜、充满青春活力的妙龄少女使人眼睛一亮。

"妈妈，这个大姑娘是爸爸以前的女朋友。"孩子歪着头逗妈妈，"这是爸爸说的。妈妈，你气不气？"

"有什么气的？都是过去的事了。小孩子别瞎说。"已经发福的妈妈脸上洋溢着幸福的笑，老公确实对她很不错，人有本事，又老实，在单位人缘、名声极佳，她真够幸福！

"只要现在是我的！"她能够真诚地原谅和理解丈夫的过去，并在现实中奉献全部的爱心来关心和照顾丈夫。她从不对丈夫斤斤计较、耿耿于怀，如此豁达的心胸怎能不令全家相处安然、甜蜜幸福呢？

"只要现在是我的"，是一种对世事的豁然与达观，是一种对待自身处境的知足和满意，也是一种发展的沉着与务实。能够满足于"只要现在是我的"，才能珍惜你梦寐以求的东西，才会呵护、努力保持并使这一美梦持续和升华。

所以朋友们，请放下过去，只有这样爱才能释怀。爱情的路上请朝前看，无论你的爱人发生过什么，毕竟那都已经过去，那时的他（她）不属于你。你没有必要，也没有资格死死揪住他（她）的过去不放。只要现在他（她）在你身边陪着你、珍惜着你、深爱着你，就足够了。

有时，生活中也需要妥协

我们之中有很多人将妥协、退让视为懦弱的表现，自认为针锋相对、寸土必争才是"好汉子""真英雄"。很明显，这一类人的人生修为尚浅，性格还不成熟。其实很多时候，"退一步"并不意味着放弃努力或宣布失败，一些积极意义上的妥协是为了伺机行事、出奇制胜，是退一步而进两步。

我们先来看看下面这两则故事。

他是一家化妆品公司的推销员，他的公司几次想与另一家化妆品公司合作，但都未能如愿。经过他的不懈努力，对方终于答应与他的公司合作！不过有一个要求：要在其化妆品广告词中加上该公司的名字。

他的老总不同意，认为这是在花钱替别人做广告，协商又陷入僵局，合作公司限他们在两天之内给予答复。

九、实际一点，生活就会好一点

他听到这个消息，直接找到老总，劝老总赶紧答应，否则一定会错失良机。老总不乐意："我坚决不妥协，他们这是以强欺弱。"

而他认为把产品和一个著名的品牌捆绑在一起是有利的，经过他的一再努力，老总终于同意了合作条件。事情像他预料的一样，公司的发展蒸蒸日上，销售额直线上升，他也因此被提拔为业务总经理。

她拥有一家三星级宾馆，经朋友介绍，她认识了一位名气很大的导演，导演准备在她的宾馆开一个新闻发布会。

她爽快地同意了，可在租金上却不能与对方达成一致。她要价4万元，导演只答应出2万元，双方争执不下。朋友劝她："你怎么这么傻，你只看到了2万元，2万元背后的钱可不止这个数，他们都是名人，平时请都请不来。"

她还是不妥协，坚持要4万元，还对朋友说："你看你介绍的人，这么苛刻。"

她旁边一家四星级宾馆的总经理听到这个消息，及时找到导演，说他愿意把宾馆大厅租给导演，而且要价不超过1.5万元。

于是，导演便租了这家四星级宾馆。开新闻发布会那几天除了许多记者、演员外，还有不少慕名而来的影迷，十几层的大楼无一空室。而且因为明星的光临，这家四星级宾馆名声大噪。

她看到这一幕后，后悔得不得了，但一切都晚了，她只能谴责自己目光短浅。

故事中的两个人谁更聪明，谁才是强者，应该不用再多说了吧？从这两则故事中，我们不难看出一个事实：妥协有时就是通往成功的方式，就是在冷静中窥视时机，然后准确出击。

这样的妥协无疑是一种睿智，是我们处世的一项必要手段，它对于我们的人生起着微妙的作用，有进甚至可以改变人的一生。我们生存的世界充满了未知，人间世事变化不定，人生之路曲折艰难，充满坎坷。在人生之路走不通的地方，要知道退让一步的道理；在走得过去的地方，也一定要给予人家三分的便利，这样才能逢凶化吉，一帆风顺。

中国俗语"人在矮檐下，怎能不低头。"不少人将它奉为处世的座右铭。这句话与当今商品经济下的竞争观念似乎不大合拍，事实上，"争"与"让"并非总是不相容，它们有时反倒经常互补。在生意场上也好，在外交场合也好，在个人之间、集团之间，也不是一个劲"争"到底就是好的，退让、妥协、牺牲有时也很有必要。而对于个人修养和处世之道，"让"不仅是一种美好的性格，而且也是一种宝贵的智慧。

其实我们在生活中，不仅要学会向现实妥协，更要学会向自己妥协。向现实妥协，是我们成长历程中必经的路段，现实往往不以个人意志为转移，"兵强则灭，木强则折"，唯抑高举下、以柔克刚，纵使心中不甘也无法逆转，我们只能顺应大势所趋，被动接受和适应。而学会向自己妥协，却是说服自己主动放开束缚自己心胸的无形桎梏，不沉浸于过去的悔恨，不寄望于不切实际的憧憬，而是抛开内心的诸多不甘和怨恨，不执着、不纠结、不焦虑，安之若素，坦然接受既定的现实，潜心了解并积极顺应现实事物发展变化的规律，从而才能打开心窗，获得掌握命运之舵的主动权。

九、实际一点，生活就会好一点

懂得追求，也要懂得放弃

在人生旅程中，的确有很多东西都是靠努力打拼得来的，因其来之不易，所以我们不愿意放弃。但是有时候，你必须放下已经取得的一切，否则你所拥有的反而会成为你生命的桎梏。

生命的整个过程不会总是一帆风顺，成与败，得与失，都是这过程的装饰，一路走来繁花似锦也好，萧瑟凄凉也罢，终究会成为过眼云烟，重要的是自己心里的感受。

《茶馆》中常四爷有句台词："旗人没了，也没有皇粮可以吃了，我卖菜去，有什么了不起的？"他哈哈一笑。可孙二爷呢："我舍不得脱下大褂啊，我脱下大褂谁还会看得起我啊？"于是，他就永远穿着自己的灰大褂，可他却没法生存，他只能永远与他的那只黄鸟为伴。

生活中，很多人舍不得放下所得，这是一种视野狭隘的表现，这种狭隘不但使他们享受不到"得到"的幸福与快乐，反而会给他们招来杀身之祸。秦朝的李斯，就是一个很好的例证。

李斯曾经位居丞相之职，一人之下，万人之上，荣耀一时，权倾朝野。虽然当他达到权力地位顶峰之时，曾多次回忆起恩师"物忌太盛"的话，希望回家乡过那种悠闲自得、无忧无虑的生活，但由于贪恋权力和富贵，所以，始终未能离开官场，最终被奸臣陷害，不但身首异处，而且殃及三族。李斯是在临死之时才幡然醒悟的，他在临刑前，拉着二儿子的手说："真想带着你哥和你，回一趟上蔡老家，再出城东门，牵着黄犬，逐猎狡兔，可惜，现在太晚了！"

　　心理专家分析，一个人若是能在适当的时间选择做短暂的"隐退"，不论是自愿的还是被迫的，都是一个很好的转机，因为它能让你留出时间来观察和思考，使你在独处的时候找到自己内在的真正的世界。尽管掌声能给人带来满足感，但是大多数人在舞台上的时候，其实都没有办法做到放松，因为他们正处于高度的紧张状态，反而是离开自己当主角的舞台后，才能真正享受到轻松自在。虽然失去掌声令人惋惜，但"隐退"是为了进行更深层次的学习，一方面挖掘自己的潜力，另一方面重新上发条，平衡日后的生活。

　　作家尹萍曾经做过杂志主编，翻译出版过许多知名畅销书，她在40岁事业最巅峰的时候退下来选择了当个自由人，重新思考人生的出路，后来她说："在其位的时候总觉得什么都不能舍，一旦真的舍了之后，才发现好像什么都可以舍。"

　　事实上，全身而退是一种智慧和境界。为什么非要得到一切呢？活着就是老天最大的恩赐，健康就是财富，你对人生要求越少，你的人生就会越快乐。对于我们这些平凡人来说，能怀一颗平常善良之心，淡泊名利，对他人宽容，对生活不挑剔、不苛求、不怨恨，富不行无义，贫不起贪心，这就是一种人生的练达。

　　得失成败，人生在所难免；潇洒来去，苦乐皆成人生美味。

　　人生征途上，要懂得追求，也要学会放弃，特别是在人生的关键环节上，拿得起，放得下，才能拥有美丽幸福的人生。

从最易实现的目标做起

法国一家报纸曾出过这样一个有奖竞猜题：如果卢浮宫失火，而你只能抢救出一幅画，你会选择哪一幅？对此，人们各抒己见，绝大多数人认为，应该抢救达·芬奇的《蒙娜丽莎》。毋庸置疑，这些人是在抢救自己认为最有价值的那幅画。

然而，著名作家贝纳尔却给出了一个与众不同的答案——"我抢救距门口最近的那幅画。"是啊，在茫茫火海之中，要找到最有价值的那幅画谈何容易？也许尚未成功，我们便真的"成仁"了。退一步说，即便自己可以全身而退，但谁又能保证那幅画的"生命安全"呢？相对而言，距门口最近的那幅画，虽然未必最有价值，但抢救它绝对是最有把握的。

再回首不难发现，其实在人生旅途之中，我们常常会犯下绝大多数人都会犯的错误。我们壮志满怀、激情澎湃，却往往忽略了目标现阶段的可行性，最终只是徒费精力，事倍而功半。

捷克有一位名叫齐克的年轻人，他在 18 岁时，已与同伴一起登上了堪称"欧洲第一高峰"的厄尔布鲁士山。此后，他们毫不停歇，先后登上了 9 座海拔在 4000 米以上的欧洲高峰。此时，欧洲已经不能满足他们的攀登欲望，于是，这群小伙子将目标锁定在了世界第一高峰——珠穆朗玛峰上。

攀登珠穆朗玛峰要走很多程序，首先要有签证，其次还要到相关部门申请批文，而且审核人员对登山运动员的条件要求也相当"苛刻"。于是，齐克只得向自己的父亲——一位国际登山者协会的常务理事求助。他在信中对父亲说道："身为一名登山运动员，若没有征服珠穆朗玛峰，就永远不能说是成功。"

不久，父亲即回信给齐克，他在信中讲述了"贝纳尔巧答卢浮宫失火竞猜题"的故事。看着父亲的回信，齐克沉思良久，他体会到了父亲的良苦用心。父亲是想提醒他——获得成功的最佳目标，不一定是最有价值的那个，而是最容易实现的那个。

在经过理智、客观的分析以后，齐克不得不承认，以他们现在的装备和素质要去征服珠峰，确实是激情大于实力，失望大于希望。既然如此，与其徒劳无功，不如脚踏实地地从最容易实现的目标开始。于是，齐克对其他三名队友说道："一口气吞不下一个胖子，现在我们不一定非要一步登天，不如先尝试征服乞力马扎罗山。"

对此，三个队友嗤之以鼻，他们鄙视齐克，认为他是"胆小鬼""鼠目寸光""胸无大志"。结果，大家始终没有达成共识，最终不欢而散、各奔东西。

在此后几年的时间里，齐克一直谨遵父亲的教导，以自身实力为标准，从最容易实现的目标开始。他先后登上了海拔5895米和6893米的乞力马扎罗山和盐泉山，凭借不俗的成绩，被国际登山者协会吸纳为理事会员，并受到捷克国家登山队的邀请，担任副教练一职。

2008年初，齐克再一次打破了自己的成绩，他在不配备后援人员的情况下，成功征服了第七高峰——海拔 8167 米的道拉吉里峰。

回家后，齐克随手拿起放在桌上的报纸，报纸上大幅刊载着有关他此次登山的图文报道。齐克对此早已司空见惯，但是《捷克探险报》上的一则消息却令他顿时呆若木鸡——"在齐克征服道拉吉里峰的同时，另三名登山队员，在珠穆朗玛峰海拔 8300 米处失足坠崖，不幸罹难，他们的名字是……"他们，正是齐克以前的三名队友……

2008 年 6 月，齐克迎来了他实现梦想的日子，他来到珠穆朗玛峰脚下，凭借多年来积累的娴熟技巧及丰富经验，他一步步攀到了海拔 8844.43 米处。傲立在珠峰之上，齐克感慨万千，此时他不禁想起了葬身峰底的队友——他一度是他们眼中的"胆小鬼"，是"鼠目寸光""胸无大志"的人，但今天，他却站在了他们所未能达到的高度。

人生与登山无异，你做出怎样的选择，或是放下哪些东西，都会直接影响你的一生。正所谓"塞翁失马，焉知非福"，如果你一直将目光锁定在最高目标上，企图一步登顶，往往会适得其反，最终折戟沉沙、万劫不复。

先去抢救离门口最近的那幅画，从最易实现的目标做起，由浅入深，一路探索、一路攀登、一路追逐，总有一天，你会达到自己心目中的高度。

即使躺在地沟里，也要懂得安慰自己

其实每当我们遇到困境之时，心里也总会劝慰自己要乐观一点、要挺过去，可是，扪心自问，我们都能这样豁达吗？很多朋友不能，但是我们希望你能。

有时想想，我们似乎总与焦虑牵扯不清，十几岁时有淡淡的忧愁，二十几岁时会莫名伤感，三十几岁时为事业愁眉不展，四十几岁时为儿女劳心伤肝……于是我们常常抱怨人生充满磨难，可是却忘记了没有人会一帆风顺到古稀之年。

生活快乐与否，这需要我们用心去经营。遇到开心之事时，我们当然要笑一笑；遇到犯难之事，我们同样要笑一笑。想在这个世界上争取到幸福，说难很难，说容易也很容易，关键就看我们能不能保持一颗乐观的心。当我们将乐观规规整整地装裱在自己的心中，那么快乐之神就会常伴我们身边，他将为我们打开一个别样的世界，让我们为所拥有的一切感到满足，为自己正在经历的一切而备感幸福。

其实我们之中那些幸福者与不幸者之间的差别就在于：前者始终用最积极的思考、最乐观的精神和最有效的经验支配和控制自己的人生，后者则刚好相反，因为缺乏积极思维，他们的人生总受过去的失败和疑虑所引导和支配。他们徘徊在失败的阴影

九、实际一点，生活就会好一点

里，只能眼看着别人幸福地生活。

有这样一个寓言，很好地说明了这一点：

说是有一对孪生兄弟，虽然长得极其相像，但性格却迥然不同。哥哥天性乐观，看不出他有什么烦恼；弟弟却整日哭丧着脸，好像世界末日就要来临一样。

为使兄弟俩的性格综合一下，父亲给了弟弟一大堆玩具，而后又将哥哥关进马棚。过了一个小时，父亲前去观察这兄弟俩的动静，却发现哥哥正在不亦乐乎地挖着马粪，而弟弟则抱着玩具在哭。

"有这么多玩具陪你，你为什么还要哭呢？"父亲问弟弟。

"如果我玩这些玩具的话，它们就会变旧，有可能还会坏掉。"弟弟伤心地回答。

"为什么把你关进又脏又臭的马棚，你还这样高兴？"父亲转头问哥哥。

"我想看看能不能从马粪中挖出一只小马驹啊。"哥哥说完又跑进了马棚。

父亲长叹了一口气，从此放弃了改变二人的念头。

后来，这对兄弟长大成人，弟弟依旧那样悲观，他时常抱着半杯可乐发愁——哎！只剩下半杯了；哥哥还是那个乐天派，他会为拥有半杯可乐而欣喜——感谢上帝，还为我留着半杯可乐！

再后来，弟弟一脸忧伤地离开了人世，他一生都没有开心过；哥哥走的时候，脸上则布满了微笑，他一生都没有忧伤过。

看过这对兄弟的一生，我们是不是该有所感悟？其实朋友们，开心也是一生，焦虑也是一生，怎么样舒坦，我们心知肚

· 217 ·

明，那为何还要给自己找不自在呢？咱们活着图的是什么？不就是个乐吗？其实这"乐"并不需要靠外界因素来满足，它就在我们心里，如果我们能看得开，那么做乞丐也有乞丐的乐。你说是不是？

事实上，幸福与快乐离我们根本就不远，我们之所以觉得它遥不可及，就是因为我们的心态出了问题，我们总是习惯性地看向生活中不好的一面，用自找的苦恼来折磨自己，那么即使幸福就在身边，我们也不会察觉。

其实有些时候，我们不能改变现在的处境，但我们可以改变自己的心态。也就是说，我们没有钱去星级酒店消费，喝茅台吃鲍鱼，但一碟小菜、一壶老酒，我们同样可以自得其乐；我们买不起高档时装，穿不上裘皮大衣，但一件普普通通的羽绒服依然可以为我们遮风避寒；我们坐不上奔驰宝马，但我们同样可以在脚踏车上边骑边笑；我们住不上花园别墅，但我们同样可以在鱼塘边，撑一支竹竿，怡然自得。这就看我们懂不懂得安慰自己、开解自己。

我们拥有生命不容易，母亲怀胎十月辛辛苦苦地把我们带到这个世界上，我们就应该好好珍惜她给予我们的生命。要好好地善待生命，体现出自己的生命价值。生命价值该怎样实现？它不在于我们能够创造多少东西、拥有多少东西，而是在于我们幸福指数的高低。我们活着，如果你认为自己在生命过程中得到了很大的快乐，那么你的人生价值就高；相反，如果说你创造了很多、拥有了很多，但你的内心被空虚、落寞、焦虑所包裹，你感受不到快乐，那么你的人生价值就低。

人活着，不仅仅是为了物质的丰盛，更重要的是精神是否丰富多彩，这一点大家务必要想明白。所以在生命的旅程中，成功的喜悦，失利的沮丧，失意的彷徨，困境中的迷茫，都是我们必然的经历，而问题的关键在于，我们能够从中感悟到什么？并且能不能解开心结，抖擞精神重新上路。这一切都取决于我们的心态。

无论你的心情如何，还不是要和别人一样地活着？别人不会因为你的心情而改变自己、迁就于你，世界不会因为你的心情而发生改变。所以说，如果你想活得好一点，那就让自己看开些，不管月圆还是月缺，都把它当成一种与众不同的美去欣赏，用一种乐观的态度美化我们的人生。

十、放松下来，你应该活得随意

　　如今，日新月异的现代都市生活像一把双刃剑，一方面激发人们的进取心，锻造着人们的耐力和韧性；另一方面也使人们付出高昂的心理代价，尤其是在各种刺激明显增多和人际关系复杂多变等因素的影响下，我们的心理负荷日益加重，的确感觉生活得很压抑。所以在人生的旅途中，我们应该学着想开、看淡，学着不强求。别让自己活得太累。适时放松，给疲惫的心灵解解压。这样或许可以活得简单些，也不至于走得太远，迷失自我。

你太累，是因为不安分

很多人不懂得安分，即使有了财富、名位、权势，仍然在不停追逐，常常压得自己喘不过气来。于是，我们经常莫名其妙地陷入一种不安之中，而找不出合理的理由。面对生活，我们的内心会发出微弱的呼唤，只有躲开外在的嘈杂喧闹，静静聆听它，才会做出正确的选择，否则，将在匆忙喧闹的生活中迷失，找不到真正的自我。为了舒缓心情，有的人借着出国旅游去散心解闷，希冀能求得一刻的安宁，但终究不是根本之策。

那么，我们到底是在追求什么？我们所追求的或者说所希冀的，是不是真的就是我们的需求？又或者说，这一切对于我们而言有没有实际的意义？我们来看看下面这个故事，应该能够从中找到答案。

据说某富翁来到一个美丽寂静的小岛，遇见当地的一位农民，他问道："你们一般在这里都做些什么？"

"我们在这里种田过日子。"农民回答。

"种田有什么意思？还那么辛苦！"富翁有点不屑。

"那你又来这里做什么？"农民反问。

"我来这里是为了欣赏风景，享受与大自然同在的乐趣！我平时忙于赚钱，就是为了日后要过这样的生活。"富翁回答。

农民笑着说："数十年来，我们虽然没有赚到很多钱，但是我们却一直都过着这样的日子!"

听了农民的话,这位富翁陷入了沉思……

我们是不是也该"沉思"一下?想一想,我们殚精竭虑苦苦追求的到底是什么?而我们的做法,是不是又背离了生活最初的意义?也许很多时候,我们让生活简单一点,心中负荷就会减轻一些。

像那些外出到远方散心的朋友,其实眼前的繁华美景,不过是一时的安乐,与其辛苦地去更换一种环境,我们不如换一个心境,任人世物转星移、沧海桑田,做个安贫乐道、闲云野鹤的人。换言之,我们要真正获得自在、宁静,最要紧的就是安贫乐道。像孔子的"申申如也,夭夭如也",是一种安贫乐道;颜回"一箪食,一瓢饮,人不堪其忧,而回亦不改其乐",也是一种安贫乐道;东晋田园诗人陶渊明的"采菊东篱下,悠然见南山",亦是一种安贫乐道;近代弘一法师"咸有咸的味,淡有淡的味",还是一种安贫乐道。安贫乐道,显然是一种更高明的生活态度,即遇茶吃茶,遇饭吃饭,积极地接受生活,享受生活。只有这样,我们才能体会到生活中的快乐。

读到这里,或许有朋友要问:如何才能营造这种心境呢?这首先需要提高我们的精神层次,我们需要认识到——幸福与快乐源自内心的简单,简单使人宁静,宁静使人快乐。其实,人心随着年龄、阅历的增长,总会越来越复杂,但生活其实十分简单,如若我们能够保持自然的生活方式,不因外在的影响而痛苦,便会懂得生命中简单的快乐。

想告诉朋友们的是,这世间的事,无论看起来多么复杂、神秘,其实道理都是很简单的,关键在于我们是否看得透。生活本身很简单，快乐也很简单，是我们把它们想得复杂了，或者说是我们自己太复杂了，所以往往感受不到简单的快乐，也就弄不懂生活的真味。换言之，是我们对生活、对自己寄予了过高的期望。这些过高期望其实并不能给我们带来快乐，但却一直左右着我们的生活：拥有宽敞豪华的寓所；幸福的婚姻；让孩子享受最好的教育，成为最有出息的人；努力工作以争取更高的社会地位；能买高档商品，穿名贵的时装；跟上流行的大潮，永不落伍……要想过一种简单的生活，改变这些过高期望是很重要的。富裕奢华的生活需要付出巨大的代价，而且并不能相应地带给我们幸福。如果我们降低对物质的需求，改变这种追求奢华的心理状态，我们将节省出更多的时间来充实自己。清闲的生活将让我们更加自信果敢，珍视亲友间的情感，提高生活质量，这样的生活更能让我们认识到生命的真谛。

  我们常常这样感叹：生活太累！快乐离我们太远。其实，不是快乐离我们太远，而是我们根本不知道自己和快乐之间的距离；不是寻找快乐太难，而是我们活得不够简单。人生之中有太多的诱惑，如果我们在各种诱惑面前分不清、看不明，那么只能盲目地随波逐流，身不由己地为名利像陀螺一样不停旋转，等到喧嚣过后，一切归于寂静之时才发现，自己已然千疮百孔，连自己原本拥有的快乐都已经丢失掉了。

  其实快乐就源自于我们的心底，是一种与财富、名利、地位无关的精神状态。现代人为了名利、财富、金钱而疲于奔命，有时候甚至置亲情、个人健康于不顾，最终丢失了亲情、透支了身体。在心里，生怕失去了任何一个可以利用的机会，却又逢人便感叹："唉，活得真累！"累什么呢？不就是累财、累名、累地位，累一己之得失、累个人的利益而已吗！怎么才能不累？这就需要我们持有一颗安贫乐道的心，让自己在满足生活所需的情况下随遇而安一些。

人生容量有限，装不下那么多奢侈

　　对于幸福，每个人都有不同的理解。有人在锦衣玉食、夜夜笙歌中寻找幸福；有人在以苦为乐、脚踏实地地实现自我价值的过程中体验着幸福；有人看重物质享受；有人在乎精神层面的纯净。正因为对幸福的理解上的差异，最终导致了人们的心态不同。

　　其实，幸福本是人内心深处的一种感觉，不管你用什么心态去理解，感觉都不会欺骗人。正因为如此，幸福才不会因为你物质上多么富有而偏袒你。也就是说，真正的幸福与物质无关，有时甚至钱越多，离幸福越遥远。

　　有这样一个故事，读来让人颇有感触，我们一起来看一下：

　　有一位长年住在山中的印第安人，因为特殊机缘，接受了一位纽约友人的邀请，前往纽约做客。

　　当纽约友人领着印第安朋友走出机场，正要穿过马路时，印第安人对着纽约友人说："你听到蟋蟀的叫声了吗？"

　　纽约友人大笑："您大概坐飞机坐太久了，这机场的引道连接着高速公路，怎么可能有蟋蟀呢？"

又走了两步，印第安人又说："真的有蟋蟀！我清楚地听到了它们的声音。"

纽约友人笑得更大声了："您瞧！那儿正在施工打洞，机械的噪声那么大，怎么会听得到蟋蟀叫声呢？"

印第安人二话不说，走到斑马线旁安全岛的草地上，翻开了一段枯死的树干，便招呼纽约友人前来观看那两只正在高歌的蟋蟀！

纽约友人露出不可置信的表情，直呼不可能："您的听力真是太好了，能在那么吵的环境下听到蟋蟀叫声！"

印第安人说："你也可以啊！每个人都可以的！我可以向你借点零钱来做个实验吗？"

"可以！可以！我口袋中大大小小的铜板有十几个，您全拿去用！"

纽约友人很快把钱掏给印第安人。

"仔细看，尤其是那些原本眼睛没朝我们这儿看的人！"说完，印第安人把铜板抛向柏油路。突然，有好多人转过头来，甚至有人开始弯下腰来捡钱。

"您瞧，大家的听力都差不多，不一样的地方是，你们纽约人专注的是钱，我专注的是自然与生命。所以听到与听不到，全然在于有没有专注地倾听。"

这个故事告诉我们，欲望越小，你对生命的价值与幸福就会越专注，它是针对欲望越大人越贪婪，越易致祸而言的。"身外物，不奢恋"，这是思悟后的清醒。谁能做到这一点，谁就会活得轻松，过得自在。只是有很多时候，为了满足一下虚荣心，我们会不计后果地去做许多奢侈之事。

那么，怎样收起你的奢侈之心，养成俭朴生活的习惯呢？

一是要克制欲望。如果不乱花钱，便不需要拼命捞钱，便可以多出许多自在随意的时间，供自己随意取用。应该奉行"少即是多"的哲学，贪心少少，时间多多；东西少少，空间多多；工作少少，健康多多。

二是不要盲目购买某些流行的商品。一件衣服只穿一个夏天，但得花掉你半个月的薪水，怎么也不划算。

三是别买那些眼下看来毫无用处的东西。你的家绝不是垃圾堆置场，千万别把那些买来只用一次，或者根本不用的东西摆在家里，占据空间。它往往只会让你心情不好，别无他益。

四是多从关心自我的角度去安排生活和工作。人生本来就是矛盾的，太会赚钱的人，没时间陪家人；竭力工作的人，体质变差……

人只有一辈子，用不着赚出五辈子的钱，这样除了透支体力、伤身之外，别无益处。够用，即适可而止。

我们总是把拥有物质的多少、外表形象的好坏看得过于重要，用金钱、精力和时间换取一种令人羡慕的优越生活，却没有察觉自己内心的痛苦和劳累。事实上，只有真实的自我才能让人真正容光焕发，当你只为内在的自己而活，并不在乎外在的虚荣时，幸福感才会润泽你干枯的心灵，就如同雨露滋润干涸的土地。

我们需求的越少，得到的自由就越多。正如梭罗所说："大多数豪华的生活以及许多所谓的舒适的生活，不仅不是必不可少的，反而是人类进步的障碍，对比豪华和舒适，有识之士更愿过单纯和粗陋的生活。"简朴、单纯的生活有利于清除物质与生命之间的樊篱，为了认清它，我们必须从清除身边的琐事开始，认清我们生活中出现的一切，哪些是我们必须拥有的，哪些是必须舍弃的。

人生的容量是有限度的，通常是多一份舒畅，少一份焦虑；多一份真实，少一份虚假；多一份快乐，少一份悲苦。外界生活的简朴会让我们内心世界更丰富，从而使我们变得更敏锐，更能真正深入、透彻地体验和理解生活。

在物质世界和精神世界中收放自如

我们应该明白，每一个人所拥有的财物，无论是房子、车子还是票子，不管是有形的，还是无形的，没有一样是属于你的，那些东西不过是暂时寄托于你，有的让你暂时使用，有的让你暂时保管而已，到了最后，物归何主，都未可知。所以，何必为身外之物太过烦心呢？

现代人越来越重视对金钱、权势的追求和对物质的占有，殊不知，金钱和权力固然可以换取许多物质上的享受，但却不一定能获取真正的开心。

过去有个大富翁，家有良田万顷，身边妻妾成群，可日子过得并不开心。

挨着他家高墙的外面住着一户修鞋的，夫妻俩整天有说有笑，日子过得很开心。

一天，富翁的小老婆听见隔壁夫妻俩唱歌，便对富翁说：

"我们虽然有万贯家财,还不如穷鞋匠开心!"富翁想了想笑着说:"我能叫他们明天唱不出声来!"于是拿了两根金条,从墙头上扔过去。修鞋的夫妻俩第二天打扫院子时发现不明不白而来的两根金条,心里又高兴又紧张,为了这两根金条,他们连修鞋的活也丢下不干了。男的说:"咱们用金条置些好田地。"女的说:"不行!金条让人发现,别人会怀疑我们是偷来的。"男的说:"你先把金条藏在炕洞里。"女的摇头说:"藏在炕洞里会叫贼娃子偷去。"他俩商量来,讨论去,谁也想不出好办法。从此,夫妻俩饭也吃不香,觉也睡不安稳,当然再也听不到他俩的笑声和歌声了。富翁对他小老婆说:"你看,他们不再说笑,不再唱歌了吧!"

鞋匠夫妻俩之所以失去了往日的开心,是因为得了不明不白的两根金条。为了这不义之财,他们既怕被人发现怀疑,又怕被人偷去,有了金条不知如何处置,所以终日寝食难安。

就像这对穷夫妻一样,一些人现在拥有了年少时所渴望的东西,但他们却失去了快乐的感觉。原来,当我们被身外之物羁绊住时,我们就会迷失自己,无法弄清什么才是自己真正需要的。

这里有一个故事,讲得就是这样的道理:

据说南方的一个古镇上有一个铁匠铺,铺里住着一位老铁匠。主要以打制一些铁锅、斧头为营生。他的经营方式非常古老和传统,人坐在木门旁,货物摆在门外,不吆喝、不还价,晚上也不收摊。你无论什么时候从这儿经过,都会看到他在竹椅上躺着,眼睛微闭着,手里拿着一个陈旧的半导体小收音机,身旁是一把紫砂壶。他每天的收入,正够他喝茶和吃饭的。他觉得自己老了,目前的生活既悠闲又惬意,因此非常满足。

一天，一个古董商人从老街上经过，偶然间看到老铁匠身旁的那把紫砂壶古朴雅致，黑紫如墨，有清代制壶名家戴振公的风格。他走过去，顺手端起那把壶，发现壶嘴处有戴振公的印章，商人惊喜不已，因为戴振公在世界上有捏泥成金的美名。据说他的作品现在仅存3件，一件在美国纽约州立博物馆里，一件在中国台湾"故宫博物院"，还有一件在泰国的一位华侨手里。

商人想以15万元的价格买下那把壶。当他说出这个数字时，老铁匠先是一惊，后又拒绝了，因为这把壶是他祖辈留下来的，他们几代人打铁时都喝这把壶里的水。

壶虽没卖，但商人走后，老铁匠有生以来第一次失眠了。这把壶他用了近60年，并且一直以为它只是把普普通通的壶，现在竟有人要以15万元的价钱买下它，他一时回不过神来。

过去他躺在椅子上喝水，都是闭着眼睛把壶放在小桌上，现在他总要坐起来看一眼，这让他非常不舒服。特别让他不能容忍的是，周围的人们知道他有一把价值连城的茶壶后，蜂拥而来，有的打探他还有没有其他的宝贝，有的甚至开始向他借钱。他的生活被彻底打乱了，他不知该怎样处置这把壶。

当那位商人带着20万元现金，再一次登门的时候，老铁匠再也坐不住了。他召来自己的亲戚和前后邻居，当众把那把价值连城的壶砸了个粉碎。

现在，老铁匠还在卖铁锅、斧头，他已经98岁了。

对于真正享受生活的人来说，任何不需要的东西都是多余的。要那么多的钱干什么？对于老铁匠来说，房子再大，能用于睡觉的却只是一张床；锦衣玉食并不合他的心意，粗布衣衫、白粥咸蛋才是他的最爱。而这样的生活，需要那么多的钱干什么？！

十、放松下来，你应该活得随意

很多人会说这是一个被金钱推动的社会，是人们追求金钱的欲望以及拥有了金钱的虚荣才使它永远向前。这是怎样的一种谬论啊！我们应该平静地面对生活给予的一切，不要让欲望这个没有止境的黑洞来侵蚀我们的心灵。眷恋身外之物的人，很难得到温暖，孤单和寒冷会一直伴随着他们，让他们彻底迷失自己。

在我们今天的这个社会里，要冷静而坦然地面对身边的名利的确很难，一般人都无法在心理上达到平衡。其实，与充斥铜臭气味的生活相比，平淡清贫不存在真正意义上的缺失和悬殊。金钱，生不带来，死不带去，而享有一次像老铁匠一样真正没有缺憾的生命，才是我们所追寻的人生价值之所在。

在俄国诗人涅克拉索夫的长诗《在俄罗斯，谁能幸福和快乐》一书中，诗人找遍俄罗斯，最终找到的快乐人物竟是枕锄瞌睡的普通农夫。是的，这位农夫有强壮的身体，能吃、能喝、能睡，从他打瞌睡的倦态以及打呼噜的声音中，流露出由衷的开心和自在。这位农夫为什么能如此开心？因为他不为金钱所累，把生活的标准定得很低。

法国作家罗曼·罗兰说得好："一个人快乐与否，绝不依据获得了或是丧失了什么，而只能在于自身感觉怎样。"

有的人大富大贵，别人看他很幸福，可他自己身在福中不知福，心里老觉得不痛快；有的人无钱无势，别人看他离幸福很远，他自己却时时与快乐结缘。

有一对下岗的中年夫妇在菜市上摆了一个小摊，靠微薄的收入维持全家四口人的生活。这夫妻俩过去爱跳舞，现在没钱进舞厅，就在自家屋子里打开收录机转悠起来。男的喜欢喂鸟，女的喜欢养花。下岗后，鸟笼里依旧传出悦耳动听的鸟鸣声；阳台上的花儿依旧鲜艳夺目。他们俩下了岗，收入减少了许多，却仍然生活得很快乐，邻居们都用惊异羡慕的目光看着他们俩。

是的，也许我们无法改变自己的境况，但我们可以改变自己的心态。没有钱不要紧，但不能没有快乐，如果连快乐都失去了，那活着还有什么意义。快乐是人的天性的追求，开心是生命中最顽强、最执着的律动。

抛弃对身外之物的贪欲，在物质世界和精神世界中，只要开开心心，生活的趣味就会更浓厚，恐惧和压抑感就自然会从内心深处消失。坦坦荡荡地做人，开开心心地生活，美好的日子就会永远留在你的身边。

在你的日历中留下一些空白

"9月5日参加一个重要的谈判""9月6日参加公司的高层管理会议""12月7日去美国检查分公司的工作"——生活中，很多人的日程都是被提前安排得满满的。的确，他们是真的很忙，总有做不完的工作。但是，无论多么忙，我们总是可以在日历上留一些空白的。当你在繁忙的工作之余，看到日历上没有任何计划的空白页，你的心中会很奇妙地有一种安详宁静的感觉。"留白"是完全属于你的时间，你可以想做什么就做什么，也可以什么事都不做。在你的日历上留白，会给你一种平静的感觉，

十、放松下来，你应该活得随意

感觉自己拥有大把珍贵的时间。

在你容许自己的生活中留白之前，你永远找不到时间去做你真正想做的事。但是只要你能为自己留一些空闲的时间，就能为自己做一些事，而不只是在应允别人的要求。通常你周围的人会要求你做一些事，或者你的邻居、朋友与家人需要你为他们做些什么。除此之外，你还有些社会责任，有些是你爱做的，有些则是你应尽的义务。当然，来自工作，甚至陌生人的恳求也是不断的，感觉上好像每个人都想侵占一点你的时间，只有你自己一点自由时间也没有。

唯一的解决之道是与自己订个约会。和自己订约会的方法很简单：在日历上画出几个不让任何人打扰的空白日子即可。当你在看你的行事日历时，你会发现这个星期六下午的 2 点 30 分到 4 点 30 分之间是属于自己的时间。除非是有特殊的事情发生，任何人都不能从你手中抢走这段时间。也就是说，任何人要求你在这段时间做任何事——同事约你谈一个工作计划、有人要等你的电话，或是客户需要你帮忙等——任何事都不行，因为你已经有计划了，而这个计划是跟你自己在一起。在这个月接近月底的时候，还有一天是空白日子，那也是个和自己约会的神圣时光，你必须确定那天绝不会被别的事。

和自己约会是需要时间去慢慢适应的。也许刚开始这么做时，你的心中总是满怀恐慌，好像在浪费时间、错失机会、自私自利。尤其是当你的日历上还有空白时，你实在很难向别人说你没有时间！不过，很快你就会知道和自己订约会是让自己精神愉快的最有效的方法。

在日历中留白将成为你的行事日历中最重要的计划，也是你

· 233 ·

最珍惜、最愿意保留的重要时光。但这并不是说你的工作对你而言就不重要，或是你与家人在一起的时光没有价值。而是这段空白的时光对你的心灵有平衡与滋养的作用。缺乏了这样的时间。你很容易变得暴躁易怒、沮丧不安。

　　为了让自己随时保持精神的愉快，你可以从今天开始与自己订个约会。首先是从行事日历中挑选一段固定的时间，一周一次或一个月一次都可以，而且时间长短不限，就算只是几小时也可以，重点在于你为自己留下了一点空白。其次是当别人要跟你约定时间时，绝对不能让这段可贵的留白时光"牺牲"了。

生活的态度要精致，但生活的方式不妨粗糙点

　　休息了两天，星期一上班，却见同事无精打采、一脸疲倦。问其缘故，答曰：整理房间，清理柜橱，大清扫，洗衣服、被褥、床单、窗帘，擦门窗、桌柜、地板……两天没闲着，比上班还累。这位同事家我曾经去过，异常干净，名副其实的一尘不染，简直可以和星级酒店媲美。

　　能够有一个五星级的家固然是好，可是要看看付出的代价是不是太大。有的人为了装饰一个值得自豪的家，省吃俭用，置办高档家什，有了五星级的家，又得打扫除尘，天天忙个不停，这并不是一件合算的事。记得有一位名人曾经说过："并非所有的事情都值得全心全意去做。"从这个意义上

来说：人，不如活得粗糙一点儿。家是休息的地方，相对舒适整洁一些就可以了。

活得粗糙点，就是多爱自己一点。世界太大了，想做的事太多了，可是人生太有限了，能做得过来吗？

一位留学生与同学在洛杉矶的朋友路易斯家吃饭，分菜时，路易斯有些细节问题没有注意，客人倒没在意。可是路易斯的妻子竟毫不留情地当众指责他："路易斯，你是怎么搞的！难道这么简单的分菜，你都学不会吗？"接着她又对众人说："没办法，他就是这样，做什么都糊里糊涂的。"

不久以后，该留学生和妻子请几位朋友来家中吃饭。就在客人即将登门之时，妻子突然发现有2条餐巾的颜色无法与桌布相匹配，留学生急忙来到厨房，却发现那2条餐巾已经送去消毒了。这怎么办？客人马上就要到了，再去买俨然已经来不及了，夫妻二人急得团团转。但留学生转念一想："我为什么要让这个错误毁了一个美好的晚上呢？"于是，他决定将此事放下，好好享受这顿晚餐。

当晚，根本就没有一个人注意到餐巾的不匹配问题。

狄士雷曾经说过："生命太短暂，无暇再顾及小事。"其实，我们根本没有必要把所有事情都放在心上，做人不妨糊涂一点，将那些无关紧要的烦恼抛到九霄云外，如此你会发现，生命中突然多了很多阳光。

乡下有一对清贫的老夫妇，有一天他们想把家中唯一值点钱的马拉到市场上去换点更有用的东西。老头牵着马去赶集了，他先与人换得一头母牛，又用母牛去换了一只羊，再用羊换来一只肥鹅，又把鹅换了母鸡，最后用母鸡换了别人的一口袋烂苹果。

在每次交换中，他都想给老伴一个惊喜。

当他扛着大袋子来到一家小酒店歇息时，遇上两个英国人。闲聊中他谈了自己赶集的经过，两个英国人听后哈哈大笑，说他回去准得挨老婆子一顿揍。老头子称绝对不会，英国人就用一袋金币打赌，于是三人一起回到老头子家中。

老太婆见老头子回来了，非常高兴，她兴奋地听着老头子讲赶集的经过。每听老头子讲到用一种东西换了另一种东西时，她都充满了对老头的钦佩。

她嘴里不时地说着："哦，我们有牛奶喝了！"

"羊奶也同样好喝。"

"哦，鹅毛多漂亮！"

"哦，我们有鸡蛋吃了！"

最后听到老头子背回一袋已经开始腐烂的苹果时，她同样不愠不恼，大声说："我们今晚就可以吃到苹果馅饼了！"

结果，英国人输掉了一袋金币。

不要为失去的一匹马而惋惜或埋怨生活，既然有一袋烂苹果，就做一些苹果馅饼好了，这样生活才能妙趣横生、和美幸福，而且，你有可能获得意外的收获。人常说"难得糊涂"，在细枝末节上粗糙点，留着精力、留着体力去做真正有意义的事情，你的人生岂不是更有价值？

做人不能太随意，但生活可以随意些

我们在这里谈"随意"，想必有朋友一定要问：活得随意不就是放任自流吗？不，不是这样，这时的随意并不等同于随便。活得随意些，就是希望我们多爱自己一点，欲望少一点。世界太大了，我们想要的又太多，可是人生毕竟有限，能把一切都抓在手中吗？其实，莫不如活得随意些。

我们看看，大自然中的鸟儿就活得很随意，它们很懂得享受生命，即使最忙碌的鸟儿也会经常停在树上唱歌。可是，作为万物之灵的人类，在对待生命的态度上却未必能有这种豁达，有些朋友穷其一生，也无法领悟，有人甚至认为得到了金钱就得到了幸福，这是多么可笑的想法！可见，这些人并不知道金钱和幸福是没有必然联系的。有了金钱，并不一定就会带来幸福。还有人认为，只有拥有了盛名，才意味着成功。殊不知，功名利禄不过是过眼烟云，生命的辉煌恰恰隐藏在平凡生活的点滴之中。

其实，生活就是这样，谁也不至于活得一无是处，谁也不能活得了无遗憾。我们根本不必太在乎自己的平凡，平凡反而可以使生命更加真实；我们也不必太在乎未来会如何，只要我们努力，未来一定不会让我们失望；我们亦不必太在乎别人如何看待我们，只要我们自己堂堂正正，别人一定会对我们予以尊重；我们更不必太在乎得失，因为人生本来就是在得失间徘徊往复的。我们要想生活得快乐一些，就得学会根据自己的实际情况来调整奋斗目标，适当压制心底的欲望。不要因为自己才质平庸而闷闷不乐，生活中，智慧与快乐并无必然联系，反倒是"聪明反被聪明误""傻人自有傻福"的例子俯拾皆是。

不知道朋友们有没有过这样的感受：年轻时我们无忧无虑，虽然没钱、没名、没地位，但是真的很快乐，什么都不用想，只做自己喜欢做的事情。可是，当我们开始追求人人向往的那些能给我们带来幸福的东西以后，却渐渐发现自己不得不"违心"做事了，而我们所得到的，却并没有给自己带来多少快乐，反而更多的是负担，压得我们无法轻松面对自己真正的梦想，压得我们喘不过气来。这时，我们往往会痛苦不堪一遍一遍地问自己："为什么得到的都不是我想要的，而我想要的却又总是得不到？"于是很多时候，我们总是觉得生活亏待了自己，所以总是对生活怀有很大的怨气。这些怨气发泄出来的时候，又会牵连到我们身边的人，于是多了很多无缘无故的争吵，破坏了我们原本生活的和谐。

其实，这是因为我们曲解了生活的本真，我们随波逐流地去追逐所谓的成功，但却从来没有仔细考虑过，对于自己而言，什么样的成功才有价值。

其实，一种生活，只要适合自己，只要有自己喜欢的内容，就是好的生活，我们又何必踏破铁鞋去追求那些遥不可及的目标呢？如果你认为，必须拥有很多的钱、有很大的名气，你才能快乐，恐怕你是很难再见笑容了，因为暴富的机遇和条件实在难求。反而人生中寻常的赏心乐事，如一声赞美，一个轻吻，亲友围坐,一席盛宴,明月当空,落日红霞,都是我们可以寻找到的。所以,不要因为得不到人生的巨奖而烦恼,要享受人生中可爱的小事。这种小事多得很,我们每个人都可以从中享受到快乐。

其实我们终日为名利奔波,将自己弄得如同一部高速运转的机器一般,还以为自己是如何有拼劲、如何吃苦耐劳,却不知,到头来是拿着年轻时赚的钱为老年时的健康埋单。那么,为何不从现在开始,就让自己活得随意些呢?

人生的真理,藏在平淡中

其实人生的真理,藏在平淡中。是的,平淡是真,这就是生活。人生的每一个开始,都始于平淡,最终又归于平淡,可以说平淡就是我们的归宿。平淡并不排斥伟大,可无论你是多么伟大,最终都要回归于平淡之中。返璞归真,这是人生的一种至高境界。

所以,朋友们,无论我们做什么,无论我们志向何其高远,心,还是平淡一些好。于人、于事、于物,倘若都能持一颗平常心,我们的人生就会轻松许多、快乐许多。

其实,平淡并不意味着平庸。小草平淡,不事张扬,却用坚韧的生命铺就了绿色世界;水滴平淡,状似柔弱,却有恒心将顽石洞穿;父母之爱平平淡淡,却能使钢骨硬汉潸然泪下……平淡其实是一种宁静的幸福，是一种不可错过的享受。以一颗平淡之心去看世界，我们就会发现这个世界原来美不胜收，那看似平淡的生活实则处处绚丽多彩。

平淡需要广阔的心胸，当我们拥有了一颗平淡之心以后，也就拥有了宁静、淡泊、幸福与从容。发生在人与人之间的爱情亦如是。

有一种爱情像燃烧的烈火，刹那间放射出的绚丽光芒，能将两颗心迅速融化；也有一种爱情像春天的小雨，悄无声息地滋润着对方的心灵。前者激烈却短暂，后者平淡却长久。其实，生活的常态是平淡中透着幸福，爱情归于平淡后的生活虽然朴实但很温馨。

爱不在于瞬间的悸动，而在于长久的感动与守候。

那年情人节，公司的门突然被推开，紧接着两个女孩抬着满满一篮蓝玫瑰走了进来。

"请萌萌小姐签收一下。"其中一个女孩礼貌地说道。

办公室的同僚们都看傻眼了，那可是满满一篮的"蓝色妖姬"，这位仁兄还真舍得花钱。正在大家发怔之际，文文打开了花篮上的录音贺卡："萌萌，愿我们的爱情如玫瑰一般绚丽夺目、地久天长——深爱你的峰。"

"哦！太幸福了！"办公室开始嘈杂起来，年轻的女孩们都围着萌萌调侃，眼中露出难以掩饰的羡慕。

年过三十的女主管看着这群丫头微笑着，眼前的景象不禁让她想起了自己的恋爱时光。

老公为人有些木讷，似乎并不懂得浪漫为何物，她和他恋爱的第一个情人节，别说满满一篮玫瑰，他甚至连一枝花都没有

十、放松下来，你应该活得随意

买。更可气的是，他竟然送了她一把花伞，要知道"伞"可代表着"散"的意思。她生气，索性不理他，他却很认真地表白："我之所以送你花伞，是希望自己能像这伞一样，为你遮挡一辈子的风雨！"她哭了，不是因为生气，而是因为感动。

爱是什么？它就是平凡的生活中，不时溢出的那一缕缕幽香。

诚然，若以价钱而论，一把花伞远不及一篮玫瑰来得养眼，但在懂爱的人心中，它们拥有同样的内涵，它们同样是那般浪漫。

爱是文君结庐当垆的执着与洒脱，爱是孟光举案齐眉的尊重与和谐，爱是口食清粥却能品出甘味的享受与恬然，爱是"执子之手，与子偕老"的死生契阔。在懂爱的人心中，爱可以超越一切的世俗纷扰。

这就是爱情，不必刻意追求什么轰轰烈烈的感觉，生活的点滴之中，就有一种"执子之手，与子偕老"的默契。细水长流的爱情，像春风拂过，轻轻柔柔，一派和煦，让人沉醉入迷。

爱的故事又何止千万？其中不乏欣喜、不乏悲戚、不乏圆满、不乏遗憾。那么，看看下面这个故事，不知大家从中能够领会到什么。

雍容华贵、仪态万千的公主爱上了一个小伙，很快，他们踩着玫瑰花铺就的红地毯步入了婚姻殿堂。故事从公主继承王位，成为权力无边的女王说起。

随着岁月的流逝，女王渐渐感到自己衰老了，花容月貌慢慢褪却，不得不靠一层又一层的化妆品换回昔日的风采。"不，女王的尊严和威仪绝不能因为相貌的萎靡而减损丝毫！"女王在心

· 241 ·

中给自己下达了圣旨，同时她也对所有的臣民，包括自己的丈夫下达了近乎苛刻的规定：不准在女王没化妆的时候偷看女王的容颜。

那是一个非常迷人的清晨，和风怡荡，柳绿花红，女王的丈夫早早地起床在皇家园林中散步。忽然，随着几声悦耳的啁啾鸟鸣，女王的丈夫发现树端一窝小鸟出世了。多么可爱的小鸟啊！他再也抑制不住内心的喜悦，飞跑进宫，一下子推开了女王的房门。女王刚刚起床，还没来得及洗漱，她猛然一惊，仓促间回过一张毫无粉饰的脸。

即使是万众敬仰的女王的丈夫，犯下了禁律，也必须与庶民同罪——偷看女王的真颜只有死路一条。

女王的心中充满了悲哀，她不忍心丈夫因为一时的鲁莽和疏忽而惨遭杀害，但她又绝不能容忍世界上任何一个人看到她没有化妆的容颜。斩首的那一天，女王泪水涟涟地去探望丈夫，这些天以来，女王一直渴望知道一件事，错过今日，也就永远揭不开谜底了。终于，女王问道："没有化妆的我，一定又老又丑吧？"

女王的丈夫深情地望着她说："相爱这么多年，我一直企盼着你能够洗却铅华，甚至摘下皇冠，让我们的灵魂赤诚相融。现在，我终于看到了一个真实的妻子，终于可以以一个丈夫的胸怀爱她的一切美好和一切缺陷。在我的心中，我的妻子永远是美丽的，我是一个多么幸福的丈夫啊！"

故事最后的结局呢？显然已不重要！它让我们知道，真正的爱情可以穿越外表的浮华，直达心灵深处。然而，喜爱猜忌的人们却在人与人之间设立了太多屏障，乃至于亲人、爱人之间也不能坦然相对。除去外表的浮华，卸去心灵的伪装，才可以实现真正的人与人的融合。

当一生的浮华都化作云烟，一世的恩怨都随风飘散，若能依旧两手相牵，又何惧姿容褪尽、鬓染白霜……耀眼的烟花确实很美，可那瞬间的绽放之后，就不再留存任何痕迹。平淡之中的滋味才值得细细体味。因为那才是生活真实的滋味。然而，这滋味又有几人能体会？

世界的多姿多彩，令我们被激情、欲望所支配，似乎迷失了生活的方向，因而演绎着一幕幕的闹剧。激情过后，便会对已有的爱情做出新的评定，认为它是那样索然无味，而幸福似乎也被柴米油盐磨得支离破碎。所以，我们总是渴望生活中多一些激情，甚至渴盼着一次美丽的邂逅，却不知珍惜眼前人。这个人，尽管你贫穷落寞，尽管你卧床难起，都会在你身边默默守候；这个人，或许只是在你失意时给你一个安慰，或许只是默默听着你的唠叨，但却为你倾注了最深的爱。只是，他离你太近，你反而感觉不到。不过，当我们经历了人生的种种以后，开始以成熟的心态去品读生活时，你便会发现，原来那个平淡的人才是上天给予你最大的恩赐，原来，平淡的生活才是我们最想要的。

"执子之手，与子偕老"，这便是平淡的爱情；"我能想到最浪漫的事，就是和你一起慢慢变老。收藏起点点滴滴的心事，留到以后和你慢慢聊"，这就是平淡的婚姻，可它却总是这般令人感动。

爱情的至高境界就是要经得起平淡的流年。人与人之间的爱情，是在最普通、最平淡时不经意擦出的火花，它最纯洁、最美丽、最珍贵。

平淡就是幸福。虽然人们对于幸福的解读有所不同，但毋庸置疑，人世间的事，无论爱情或其他，在经历过轰轰烈烈以后，都将趋于平淡。所以说，平淡才是人生的真意、才是最后的绝唱。亦如姜育恒的歌——"曾经在幽幽暗暗反反复复中追问，才知道平平淡淡从从容容才是真。"只是，现代人追逐得太多，太少关注内心，都想获得幸福，却在忙碌中丢失了幸福。其实，生活中那些对爱情、对人生持有平淡之心的人，他们才真的活明白了。

其实，要想人生过得轻松一些、幸福一些，每个人都应持有这样一种心态：既来之，则安之。让自己去适应平淡，让心灵重归宁静。须知，平淡中总是孕育着许多不平凡，倘若我们能在平淡中做好该做的事，坦然面对平凡生活，用心感悟平淡情感，在平平淡淡中领略人生的真谛，或许就是最大的幸福。